존 그랜트가 만든 통계

26 존 그랜트가 만든 통계

초판 1쇄 발행일 | 2009년 7월 10일
초판 6쇄 발행일 | 2017년 11월 3일

지은이 | 임청묵
펴낸이 | 정은영
펴낸곳 | (주)자음과모음

출판등록 | 2001년 11월 28일 제2001－000259호
주소 | 04083 서울시 마포구 성지길 54
전화 | 편집부 (02)324－2347, 경영지원부 (02)325－6047
팩스 | 편집부 (02)324－2348, 경영지원부 (02)2648－1311
e－mail | jamoteen@jamobook.com

ISBN 978－89－544－1666－5 (04410)

천재들이 만든 수학퍼즐

26 존 그랜트가 만든 통계

임청묵(M&G 영재수학연구소) 지음

(주)자음과모음

추천사

수학에 대한 막연한 공포를 단번에 날려 버리는 획기적 수학 퍼즐 책!

추천사를 부탁받고 처음 원고를 펼쳤을 때, 저도 모르게 탄성을 질렀습니다. 언젠가 제가 한번 써 보고 싶던 내용이었기 때문입니다. 예전에 저에게도 출판사에서 비슷한 성격의 책을 써 볼 것을 권유한 적이 있었는데, 재미있겠다 싶었지만 시간이 없어서 거절해야만 했습니다.

생각해 보면 시간도 시간이지만 이렇게 많은 분량을 쓰는 것부터가 벅찬 일이었던 것 같습니다. 저는 한 권 정도의 분량이면 이와 같은 내용을 다룰 수 있을 거라 생각했는데, 이번 책의 원고를 읽어 보고 참 순진한 생각이었음을 알았습니다.

저는 지금까지 수학을 공부해 왔고, 또 앞으로도 계속 수학을 공부할 사람으로서, 수학이 대단히 재미있고 매력적인 학문이라 생각합니다만, 대부분의 사람들은 수학을 두려워하며 두 번 다시 보고 싶지 않은 과목으로 생각합니다. 수학이 분명 공부하기에 쉬운 과목은 아니지만, 다른 과목에 비해 '끔찍한 과목'으로 취급받는 이유가 뭘까요? 제

생각으로는 '막연한 공포' 때문이 아닐까 싶습니다.

무슨 뜻인지 알 수 없는 이상한 기호들, 한 줄 한 줄 따라가기에도 벅찰 만큼 어지럽게 쏟아져 나오는 수식들, 그리고 다른 생각을 허용하지 않는 꽉 짜여진 '모범 답안' 이 수학을 공부하는 학생들을 옥죄는 요인일 것입니다.

알고 보면 수학의 각종 기호는 편의를 위한 것인데, 그 뜻을 모른 채 무작정 외우려다 보니 더욱 악순환에 빠지는 것 같습니다. 첫 단추만 잘 끼우면 수학은 결코 공포의 대상이 되지 않을 텐데 말입니다.

제 자신이 수학을 공부하고, 또 가르쳐 본 사람으로서, 이런 공포감을 줄이는 방법이 무엇일까 생각해 보곤 했습니다. 그 가운데 하나가 '친숙한 상황에서 제시되는, 호기심을 끄는 문제' 가 아닐까 싶습니다. 바로 '수학 퍼즐' 이라 불리는 분야입니다.

요즘은 수학 퍼즐과 관련된 책이 대단히 많이 나와 있지만, 제가 《재미있는 영재들의 수학퍼즐》을 쓸 때만 해도, 시중에 일반적인 '퍼즐책' 은 많아도 '수학 퍼즐 책' 은 그리 많지 않았습니다. 또 '수학 퍼즐' 과 '난센스 퍼즐' 이 구별되지 않은 채 마구잡이로 뒤섞인 책들도 많았습니다.

그래서 제가 책을 쓸 때 목표로 했던 것은 비교적 수준 높은 퍼즐들을 많이 소개하고 정확한 풀이를 제시하자는 것이었습니다. 목표가 다소 높았다는 생각도 듭니다만, 생각보다 많은 분들이 찾아 주어 보통 사람들이 '수학 퍼즐'을 어떻게 생각하는지 알 수 있는 좋은 기회가 되기도 했습니다.

문제와 풀이 위주의 수학 퍼즐 책이 큰 거부감 없이 '수학을 즐기는 방법'을 보여 주었다면, 그 다음 단계는 수학 퍼즐을 이용하여 '수학을 공부하는 방법'이 아닐까 싶습니다. 제가 써 보고 싶었던, 그리고 출판사에서 저에게 권유했던 것이 바로 이것이었습니다.

수학에 대한 두려움을 없애 주면서 수학의 기초 개념들을 퍼즐을 이용해 이해할 수 있다면, 이것이야말로 수학 공부의 첫 단추를 제대로 잘 끼웠다고 할 수 있지 않을까요? 게다가 수학 퍼즐을 풀면서 느끼는 흥미는, 이해도 못한 채 잘 짜인 모범 답안을 달달 외우는 것과는 전혀 다른 즐거움을 줍니다. 이런 식으로 수학에 대한 두려움을 없앤다면 당연히 더 높은 수준의 수학을 공부할 때도 큰 도움이 될 것입니다.

그러나 이런 이해가 단편적인 데에서 그친다면 그 한계 또한 명확해질 것입니다. 다행히 이 책은 단순한 개념 이해에 그치지 않고 교과 과정과 연계하여 학습할 수 있도록 구성되어 있습니다. 이 과정에서 퍼즐을 통해 배운 개념을 더 발전적으로 이해하고 적용할 수 있어 첫 단추만이 아니라 두 번째, 세 번째 단추까지 제대로 끼울 수 있도록 편집되었습니다. 이것이 바로 이 책이 지닌 큰 장점이자 세심한 배려입니다. 그러다 보니 수학 퍼즐이 아니라 약간은 무미건조한 '진짜 수학 문제'도 없지는 않습니다. 그러나 수학을 공부하기 위해 반드시 거쳐야 하는 단계라고 생각하세요. 재미있는 퍼즐을 위한 중간 단계 정도로 생각하는 것도 괜찮을 것 같습니다.

수학을 두려워하지 말고, 이 책을 보면서 '교과서의 수학은 약간 재미없게 만든 수학 퍼즐' 일 뿐이라고 생각하세요. 하나의 문제를 풀기 위해 요모조모 생각해 보고, 번뜩 떠오르는 아이디어에 스스로 감탄도 해 보고, 정답을 맞히는 쾌감도 느끼다 보면 언젠가 무미건조하고 엄격해 보이는 수학 속에 숨어 있는 아름다움을 음미하게 될 것입니다.

고등과학원 연구원

박 부 성

추천사

영재교육원에서 실제 수업을 받는 듯한 놀이식 퍼즐 학습 교과서!

《천재들이 만든 수학퍼즐》은 '우리 아이도 영재 교육을 받을 수 없을까?' 하고 고민하는 학부모들의 답답한 마음을 시원하게 풀어 줄 수학 시리즈물입니다.

이제 강남뿐 아니라 우리 주변 어디에서든 대한민국 어머니들의 불타는 교육열을 강하게 느낄 수 있습니다. TV 드라마에서 강남의 교육을 소재로 한 드라마가 등장할 정도니 말입니다.

그러나 이러한 불타는 교육열을 충족시키는 것은 그리 쉬운 일이 아닙니다. 서점에 나가 보면 유사한 스타일의 문제를 담고 있는 도서와 문제집이 다양하게 출간되어 있지만 전문가들조차 어느 책이 우리 아이에게 도움이 될 만한 좋은 책인지 구별하기가 쉽지 않습니다. 이렇게 천편일률적인 책을 읽고 공부한 아이들은 결국 판에 박힌 듯 똑같은 것만을 익히게 됩니다.

많은 학부모들이 '최근 영재 교육 열풍이라는데……' '우리 아이도 영재 교육을 받을 수 없을까?' '혹시…… 우리 아이가 영재는 아닐까?' 라고 생각하면서도, '우리 아이도 가정 형편만 좋았더라면……' '우리 아이도 영재교육원에 들어갈 수만 있다면……' 이라고 아쉬움을 토로하는 것이 현실입니다.

현재 우리나라 실정에서 영재 교육은 극소수의 학생만이 받을 수 있는 특권적인 교육 과정이 되어 버렸습니다. 그래서 더더욱 영재 교육에 대한 열망은 높아집니다. 특권적 교육 과정이라고 표현했지만, 이는 부정적 표현이 아닙니다. 대단히 중요하고 훌륭한 교육 과정이지만, 많은 학생들에게 그 기회가 돌아가기 힘들다는 단점을 지적했을 뿐입니다.

이번에 이러한 학부모들의 열망을 실현시켜 줄 수학책 《천재들이 만든 수학퍼즐》 시리즈가 출간되어 장안의 화제가 되고 있습니다. 《천재들이 만든 수학퍼즐》은 영재 교육의 커리큘럼에서 다루는 주제를 가지고 수학의 원리와 개념을 친절하게 설명하고 있어 책을 읽는 동안 마치 영재교육원에서 실제로 수업을 받는 느낌을 가지게 될 것입니다.

단순한 문제 풀이가 아니라 하나의 개념을 여러 관점에서 풀 수 있는 사고력의 확장을 유도해서 다양한 사고방식과 창의력을 키워 주는 것이 이 시리즈의 장점입니다.

여기서 끝나지 않습니다. 《천재들이 만든 수학퍼즐》은 제목에서 나타나듯 천재들이 만든 완성도 높은 문제 108개를 함께 다루고 있습니다. 이 문제는 초급 · 중급 · 고급 각각 36문항씩 구성되어 있는데, 하나같이 본편에서 익힌 수학적인 개념을 자기 것으로 충분히 소화할 수 있도록 엄선한 수준 높고 다양한 문제들입니다.

수학이라는 학문은 아무리 이해하기 쉽게 설명해도 스스로 풀어 보지 않으면 자기 것으로 만들 수 없습니다. 상당수 학생들이 문제를 풀어 보는 단계에서 지루함을 못 이겨 수학을 쉽게 포기해 버리곤 합니다. 하지만 《천재들이 만든 수학퍼즐》은 기존 문제집과 달리 딱딱한 내용을 단순 반복하는 방식을 탈피하고, 빨리 다음 문제를 풀어 보고 싶게끔 흥미를 유발하여, 스스로 문제를 풀고 싶은 생각이 저절로 들게 합니다.

문제집이 퍼즐과 같은 형식으로 재미만 추구하다 보면 핵심 내용을 빠뜨리기 쉬운데 《천재들이 만든 수학퍼즐》은 흥미를 이끌면서도 가장 중요한 원리와 개념을 빠뜨리지 않고 전달하고 있습니다. 이것이 다른 수학 도서에서는 볼 수 없는 이 시리즈만의 미덕입니다.

초등학교 5학년에서 중학교 1학년까지의 학생이 머리는 좋은데 질 좋은 사교육을 받을 기회가 없어 재능을 계발하지 못한다고 생각한다면 바로 지금 이 책을 읽어 볼 것을 권합니다.

메가스터디 엠베스트 학습전략팀장

최 남 숙

머리말

핵심 주제를 완벽히 이해시키는
주제 학습형 교재!

영재 수학 교육을 받기 위해 선발된 학생들을 만나는 자리에서, 또는 영재 수학을 가르치는 선생님들과 공부하는 자리에서 제가 생각하고 있는 수학의 개념과 원리 그리고 수학 속에 담긴 철학에 대한 흥미로운 이야기를 소개하곤 합니다. 그럴 때면 대부분의 사람들은 반짝이는 눈빛으로 저에게 묻곤 합니다.

"아니, 우리가 단순히 암기해서 기계적으로 계산했던 수학 공식들 속에 그런 의미가 있었단 말이에요?"

위와 같은 질문은 그동안 수학 공부를 무의미하게 했거나, 수학 문제를 푸는 기술만을 습득하기 위해 기능공처럼 반복 훈련에만 매달렸다는 것을 의미합니다.

이 같은 반복 훈련으로 인해 초등학교 저학년 때까지는 수학을 좋아하다가도 학년이 올라갈수록 수학에 싫증을 느끼게 되는 경우가 많습니다. 심지어 많은 수의 학생들이 수학을 포기한다는 어느 고등학교 수학 선생님의 말씀은 이런 현상을 반영하는 듯하여 씁쓸한 기분마저 들게 합니다. 더군다나 학창 시절에 수학 공부를 잘해서 높은 점수를 받았던 사람들도 사회에 나와서는 그렇게 어려운 수학을 왜 배웠는지 모르겠다고 말하는 것을 들을 때면 씁쓸했던 기분은 좌절감으로 변해 버리곤 합니다.

수학의 역사를 살펴보면, 수학은 인간의 생활에서 절실히 필요했기 때문에 탄생했고, 이것이 발전하여 우리의 생활과 문화가 더욱 윤택해진 것을 알 수 있습니다. 그런데 왜 현재의 수학은 실생활과는 별로 상관없는 학문으로 변질되었을까요?

교과서에서 배우는 수학은 $\frac{1}{2}\div\frac{2}{3}=\frac{1}{2}\times\frac{3}{2}=\frac{3}{4}$의 수학 문제처럼 '정답은 얼마입니까?'에 초점을 맞추고 답이 맞았는지 틀렸는지에만 관심을 둡니다.

그러나 우리가 초점을 맞추어야 할 부분은 분수의 나눗셈에서 나누는 수를 왜 역수로 곱하는지에 대한 것들입니다. 학생들은 선생님들이 가르쳐 주는 과정을 단순히 받아들이기보다는 끊임없이 궁금증을 가져야 하고 선생님은 학생들의 질문에 그들이 충분히 이해할 수 있도록 설명해야 할 의무가 있습니다. 그러기 위해서는 수학의 유형별 풀이 방법보다는 원리와 개념에 더 많은 주의를 기울여야 하고 또한 이를 바탕으로 문제 해결력을 기르기 위해 노력해야 할 것입니다.

앞으로 전개될 영재 수학의 내용은 수학의 한 주제에 대한 주제 학습이 주류를 이룰 것이며, 이것이 올바른 방향이라고 생각합니다. 따라서 이 책도 하나의 학습 주제를 완벽하게 이해할 수 있도록 주제 학습형 교재로 설계하였습니다.

끝으로 이 책을 출간할 수 있도록 배려하고 격려해 주신 (주)자음과모음의 강병철 사장님께 감사드리고, 기획실과 편집부 여러분들께도 감사드립니다.

2009년 7월 M&G 영재수학연구소

홍 선 호

차례

A 주제 설정의 취지 및 장점

생활 속의 통계를 분석하기 위해서는 우리 주변에서 통계가 사용되는 방식을 찾아야 합니다. 우리는 많은 곳에서 통계의 개념을 사용합니다. 뿐만 아니라 뉴스나 신문을 통해 앞으로의 변화를 예측할 수 있는 정보를 많이 접하고 있습니다. 신문에 게재된 일기 예보나 지역 사회의 공동생활을 분석하는 작업에서도 통계를 이용합니다. 특히 통계는 자료를 쉽고 편리하게 정리할 수 있다는 장점이 있습니다.

자료를 정리할 때 오류나 실수를 범하지 않게 하기 위해서는 체계적인 프로그램으로 정리를 해야 합니다. 이를 통계의 그래프나 표를 이용하여 정리하게 되면 좀 더 체계적으로 해석하는 데 있어서 수월하게 작업할 수 있습니다.

통계청의 홈페이지에서 지역 사회에 관한 여러 자료들이 통계로 정리됨을 확인할 수 있고 자료들을 검색하는 방법에 대해서도 배울 수 있습니다. 이와 같은 방법으로 미래를 예측하고 분석하는 방법과 분석하고 해석하는 과정에 있어서 표나 그래프를 그려 보는 방법도 배울 수 있을 것입니다. 표나 그래프를 그려서 그 의미를 알고 통계 숫자를 바르게 해석하는 방법과 어떠한 경우에 통계를 사용해야 하는지를 판단할 수 있게 됩니다. 이는 미래 예측에 도움을 줄 수 있습니다. 미래 예측도 중요한 통계의 역할입니다.

통계는 여기저기 산재되어 있는 데이터를 모아 알아보기 쉽게 만들고 풀어내는 영역입니다. 각종 그래프는 자료의 활용과 함께 눈에 보이는 시각자료로서 그 역할을 합니다. 이런 시각화 과정은 논리적인 좌뇌와 함께 우뇌를 활용함에 영향이 있습니다. 뇌 발달에 대한 관심과 연구가 진행되면서 시각화에 대한 중요성도 강조되고 있습니다. 학교 정규과정에 속한 통계, 벤 다이어그램처럼 시각화영역에 포함되는 부분을 소홀히 하지 않는 것이 중요합니다.

B 교과 과정과의 연계

구분	과목명	학년	단원	연계되는 수학적 개념 및 원리
초등학교	수학	1	확률과 통계	• 한 가지 기준으로 분류
		2		• 표와 그래프 만들기
		3		• 표 만들기 • 막대그래프
		4		• 꺾은선그래프 • 막대그래프와 꺾은선그래프 비교
		6		• 비율그래프띠그래프, 원그래프
중학교	수학	7-나	통계	• 도수분포와 그래프 • 상대도수와 누적도수

C 이 책에서 배울 수 있는 수학적 원리와 개념

1. 그래프를 만들기 위한 자료의 분석을 하는 능력을 계발합니다.
2. 분석한 자료를 각 조건이나 필요에 의해 분류할 수 있는 능력을 키웁니다.

3. 통계와 평균을 통해 사칙연산을 응용할 수 있는 능력을 키울 수 있습니다.
4. 다양한 문제 풀이방법을 알고 응용할 수 있습니다.
5. 다양한 수의 개념을 알고 구분할 수 있습니다.
6. 일상생활 속에서의 통계를 보는 눈을 키울 수 있습니다.
7. 자료를 통해 미래를 예측할 수 있는 역량을 키울 수 있습니다.

D 각 교시별로 소개되는 수학적 내용

1교시 _ 통계의 역사와 통계의 정의

통계학을 사상적 기초와 어원을 통하여 알아봅니다. 통계는 이미 통계학이란 학문이 나오기 이전부터 고대 이집트, 그리스, 로마 등의 제국에서 인구, 농지 등 수량적 조사나 관찰을 통해 활용되고 있었습니다. 근대 국가에서는 경지 면적, 인구수, 납세에 대한 급부능력을 조사하여 통치권자에게 국가 경영정보를 제공하였습니다.

2교시 _ 도수분포표를 이용한 자료 정리하기

통계에서 사용되는 도수분포표를 이해하고 만들어 봅니다. 도수분포표 그래프를 그리거나 필요한 정보를 찾아낼 수 있는 기본능력을 키웁니다.

3교시 _ 물결선을 사용한 꺾은선그래프 이해하기

통계자료를 나타내는 여러 종류의 그래프 중에서 꺾은선그래프를 사용하는 자료의 유형을 알아보고 표현할 수 있습니다.

4교시 _ 자료의 정리 – 평균을 이용한 그림그래프 이해하기

평균과 합계를 이용하면 그림으로 표현된 자료를 정리하여 계산하는 그림그래프를 그리는 데 용이하게 사용될 수 있습니다.

5교시 _ 자료의 정리 – 비율그래프 띠그래프, 사각형그래프, 원그래프

비율比率이란 기준량에 대한 비교하는 양의 크기를 말합니다. 통계를 분석하기 위해서는 막대그래프, 히스토그램, 꺾은선그래프를 주로 사용합니다. 하지만 조건을 충족하는 완벽한 그래프를 그리고 분석하기 위해서는 여러 가지 그래프의 종류를 알아야 유동적으로 사용할 수 있습니다.

띠그래프와 원그래프의 장점은 부분과 전체, 부분과 부분의 비율을

쉽게 구할 수 있는 것, 꺾은선그래프의 장점은 시간에 따른 변화를 한눈에 알 수 있다는 점입니다.

6교시 _ 도수분포표와 히스토그램을 이용한 두 집단의 비교

통계를 공부하며 그래프를 단순히 읽고 그리는 방법뿐만 아니라, 어떤 목적에서 표와 그래프로 분류하고 정리하는가에 대한 시각을 기르는 것이 중요합니다. 물론, 대상을 통계적으로 관찰하고 생각하는 태도를 길러 여러 분야에서 활발하게 이용할 수도 있어야 합니다.

7교시 _ 도수분포다각형에 대해 이해하기

히스토그램에서 각 직사각형의 윗변의 중점을 연결한 그래프를 도수분포다각형이라고 합니다. 도수분포다각형의 특징은 히스토그램에서 각 직사각형의 윗변의 중점은 계급값에 해당하며, 두 개 이상의 자료의 분포 상태를 쉽게 알 수 있다는 것입니다.

8교시 _ 상대도수와 누적도수에 대해 이해하기

상대도수란, 도수분포표에서 도수의 총합에 대한 각 계급의 도수의 비율입니다. 다시 말해, 상대도수는 계급의 도수를 전체 도수로 나눈 값이 됩니다.

$$상대도수=\frac{그\ 계급의\ 도수}{도수의\ 총합}$$

누적도수란 도수분포표에서 각 계급의 도수를 변량이 작은 쪽의 값부터 차례로 더하여 얻은 도수를 말합니다. 쉽게 풀어 설명하면 누적은 쌓아 나간다는 뜻으로 사칙연산에서 덧셈+의 의미와 같습니다.

9교시 _ 통합적으로 이해하기

두세 가지의 자료들을 연관지어 분석함으로써 두 사실 간의 관계를 알아냅니다. 정보 분석 능력을 키우기 위해서는 상황을 통합적으로 이해하고 분석하는 능력을 익히고 키우는 것이 중요합니다.

E 이 책의 활용 방법

E-1. 《존 그랜트가 만든 통계》의 활용

1. 다양한 방법을 통해 자료를 적절하게 분석하고 분류해 봅니다.
2. 자료를 이용하여 그래프로 나타낼 때는 반드시 직접 해 보는 것이 중요합니다.
3. 고급 단계에서는 그래프를 도면으로 나타내지 않고도 머릿속

에서 자료를 정리할 수 있도록 연습하면 좋습니다.

E-2. 《존 그랜트가 만든 통계 - 익히기》의 활용 방법

1. 난이도 순으로 초급, 중급, 고급으로 나누었습니다. 따라서 '초급 → 중급 → 고급' 순으로 문제를 해결하는 것이 좋습니다.
2. 문제를 해결하다 어려움에 부딪히면, 문제 상단부에 표시된 교시의 기본서로 다시 돌아가 기본 개념을 충분히 이해한 후 다시 해결하는 것이 바람직합니다.
3. 문제가 쉽게 해결되지 않는다고 해답을 확인하는 것은 사고력을 키우는 데 도움이 되지 않습니다.
4. 친구들이나 선생님 그리고 부모님과 문제에 대해 토론해 보는 것은 아주 좋은 방법입니다.
5. 한 문제를 한 가지 방법으로 문제를 해결하기보다는 다양한 방법으로 여러 번 풀어 보는 것이 좋습니다.

사회 통계학자인 존 그랜트는 통계의 창시자입니다.

1 교시
통계의 역사와
통계의 정의

1교시 학습 목표

1. 통계의 개념을 알고 설명할 수 있습니다.
2. 통계의 역사를 알 수 있습니다.
3. 여러 가지 자료를 통계학적으로 나타낼 수 있습니다.

미리 알면 좋아요

1. **통계** 어떠한 특정 조건에 따라 묶음으로 구별 지어 놓는 것입니다.

2. 통계청의 홈페이지(www.nso.go.kr), 국가통계포털정보시스템(www.kosis.kr).

1교시

생활 속의 통계를 분석하기 위해서는 우리 주변에서 통계가 사용되는 흔적을 찾아야 합니다. 통계는 현재의 생활뿐만 아니라 앞으로의 변화를 예측할 수 있는 정보를 분석할 때 쓰입니다. 통계에 대해서 잘 모르더라도 우리는 이미 뉴스나 신문을 통해 많이 접하고 있습니다. 신문에 게재된 일기 예보나 지역 사회를 분석하는 작업도 통계를 이용하기 때문에, 통계는 우리에게 특히나 친숙한 학문입니다.

통계는 자료를 쉽고 편리하게 정리할 수 있다는 장점이 있습니다. 자료를 정리할 때 오류나 실수를 범하지 않게 하기 위해서는 체계적인 프로그램으로 정리를 해야 합니다. 이를 통계의 그래프나 표를 이용하여 정리하면 체계적으로 해석하는 데 좀 더 수월하게 작업할 수 있습니다.

통계청의 홈페이지에서 지역 사회에 관한 여러 자료들이 있음을 확인하고 자료들을 검색하는 방법에 대해서도 배울

수 있습니다. 이렇게 통계청의 도움을 받아 미래를 예측하고 분석하는 방법을 기를 수 있으며 분석하고 해석하는 과정에 있어서 표나 그래프를 그려 보는 방법도 배울 수 있을 것입니다.

표나 그래프를 그려 본다면 그 속에 담긴 의미를 알고 이를 바르게 해석하거나 어떠한 경우에 통계를 사용해야 하는지를 판단할 수 있습니다. 미래 예측에 도움을 줄 수 있다는 것도 통계의 중요한 역할입니다.

통계를 이용한 정보의 분석을 하게 되기까지 우리는 통계를 사용하고 있다는 사실을 잘 알지 못했습니다. 사실 통계가 익숙해진 것도 그리 오래되지 않았습니다. 역사적인 발전을 통해 통계와 통계학이 점차 생활 속에 녹아들기 시작했던 것입니다.

사상적 기초와 어원을 통하여 통계학을 알아보면, 통계학이란 학문이 발달하기 이전에 이미 고대 이집트, 그리스, 로마 등의 제국에서 인구, 농지 등 수량적 조사나 관찰을 통해 통계가 쓰이고 있었습니다. 근대 국가에서는 경지 면적, 인구수, 납세에 대한 급부능력을 조사하여 통치권자에게 국가 경영정보를 제공하였다고 볼 수 있습니다.

재정과 군사적 목적으로 고대부터 사람과 토지에 대한 조사도 있었습니다. 로마 공화정에서는 5년마다 전 가구의 구성원과 소유재산을 조사했고 Augustus는 로마 제국의 총인구조사를 단행하기도 했습니다. 중세와 르네상스에서는 간헐적으로 재정적 이유로 조사가 이루어졌습니다.

Statistics통계학는 이태리어인 statostate가 어원입니다. Statistica는 국가의 업무를 관장하는 사람을 일컫는 말입니다. 따라서 통계statistics의 근원적 의미는 statistica에 관심이 되는 사항을 모으는 것이었습니다. 이 의미는 16세기까지 유지되었습니다. 그리고 17~18세기의 프랑스, 네덜란드, 독일 등에서 국가의 정치적 상황, 인구, 경제, 지리도 포함하는 포괄적인 것으로 발전하게 되었습니다. 하지만 19세기 초에는 그 의미가 사라지게 되었습니다.

통계학의 역사가 시작된 시점에 대해 더 자세히 알아봅시다.

통계의 유래와 발전과정의 역사를 통하여 현재 우리 생활에 미치는 영향의 역사를 살펴보겠습니다. 17세기 영국 런던의 템스 강 유역에서는 페스트흑사병의 발병으로 인한 사망으로 다른 지역으로 이주하는 사람들이 많아졌고, 이는 전 세계적인 전염병으로 번지게 되었습니다. 이때 '사망자 일람표'를 제작하여 사망자를 집계하기도 하였는데 이 '사망자 일람표'에 대해 관심을 가진 존 그랜트가 23년 동안 사망자 일람표를 분석하여 결론을 도출하면서부터 통계학이 시작되었습니다.

한편 독일에서도 통계학이 탄생하게 되었습니다. 종교전쟁으로 국토가 황폐해진 나라를 다시 일으키기 위해 국력을 조사하는 도중 전체 인구를 총체적으로 파악하는 조사를 하게 되었습니다. 그리고 이를 지지하는 많은 사람들에 의해 독일 통계학이 시작되었습니다.

존 그랜트에 의해 시작된 통계학은 친구이자 수학자, 경제학자인 페티에게 이어져 인구 통계표를 만들게 되었고 비슷한 시기에 천문학자 핼리Halley, 1656~1742도 인구 통계표를 작성했습니다. 사람들의 수명을 성별, 직업별로 평균을 내어 각 연령층에서 사망한 사람들의 수를 조사하고 그 연령층에서 사망할 확률을 계산하는 복잡한 과정을 분석하였습니다.

이렇게 통계를 연구하고 시작하게 된 것은 존 그랜트와 그의 친구인 페티의 연구가 있어서 가능한 일이었습니다.

존 그랜트 John Graunt, 1620.4.24~1674.4.18

영국의 사회 통계학자로 정치 산술政治算術, political arithmetic의 창시자입니다. 방물장사의 장남으로 런던에서 태어나, 모직물상 조합원의 특권을 가진 부유한 상인이었습니다. 젊어서 퓨리턴청교도으로서 시민 혁명에 참여하였으나 뒤에 가톨릭교로 개종, 런던 시市 참사회원參事會員을 지냈습니다. 이때의 경험을 친구인 W.페티의 협력으로 저술한 것이 《사망표에 관한 자연적 및 정치적 제 관찰》1662입니다. 이 저서는 인구 현상에 관하여 정치적 · 사회적 요소의 작용을 파악함으로써 자연적 · 수량적 법칙성을 다룬 책입니다. 페티의 정치 산술에 공헌하였고, 또 근대 통계학의 발전에도 크게 기여하였습니다.

사진 출처 :
www.york.ac.uk/depts/maths/histstat/people/

페티 William Petty, 1623.5.26~1687.12.16

페티는 1623년 5월 26일 잉글랜드 햄프셔에서 출생하였습니다. 1643년 대륙으로 건너가 의학과 수학을 전공하고 귀국 후 옥스퍼드 대학의 해부학 교수가 되었습니다. 시민혁명기인 1652년 O.크롬웰의 아일랜드 파견군의 군의軍醫로 종군하고, 그 후 행정관으로서 아일랜드 반란군으로부터 몰수한 토지의 측량, 인구조사 등을 하였습니다. 정치 산술政治算術의 창시자로서 경제 사회의 제 현상에 대하여 실증적으로 그 수량적 관계를 파악함으로써 실체實體와 이를 지배하는 제 법칙을 밝히려고 시도했습니다. 그리고 그 방법을 경제 · 재정의 분석에 이용하였습니다. 또한 처음으로 노동 가치설勞動價值說을 제창하여 고전학파의 선구가 되었습니다. 저서에 《조세 공납론租稅貢納論, Treatises of Taxes and Contributions》1662, 《정치 산술Political Arithmetic》1690, 《아일랜드의 정치적 해부The Political Anatomy of Ireland》1691 등이 있습니다.

사진출처 :
www.bowood-house.co.uk/lansdowne_family.html

그렇다면 우리나라에는 통계학이 언제 소개되었을까요?

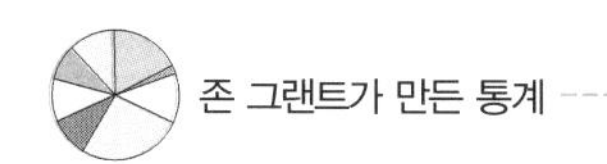

우리나라에서는 세2차 세계 대전 이후인 1945년 이후에 처음 소개되었습니다. 여러 경로로 들어오게 되었는데 일본의 추측 통계학이 책을 통해 알려지고, 미군-군정 하의 농업 시험장과 농 · 생물학 전공자를 통하여 새롭고 필수적인 학문으로 소개가 되었습니다.

우리나라의 통계학과는 상경계열학과라는 전공 명으로 1963년 고려대학교에서 처음 생겨났습니다. 이를 시작으로 현재까지 여러 대학에 통계학과가 생기게 되었습니다. 우리나라 정부의 통계 기구는 분산형이기는 하나 주요 일반 목적 통계업무를 통계청에서 담당하고 있다는 점에서 분산형인 미국이나 일본에 비해 집중형에 접근하는 절충형이라고 할 수 있습니다. 통계청 이외에도 우리나라의 통계를 분석하는 대표적인 기관으로는 농림수산부, 노동부, 한국은행 등이 있습니다.

우리나라 전체 초등학생의 키와 몸무게의 평균을 알아보고 싶은 경우에도 통계를 이용합니다. 여기서 우리나라 전체 초등학생을 대상으로 측정한다는 것은 거의 불가능하기 때문에 적당한 조건을 충족하는 초등학생을 선발한 뒤 측정하고 전체를 추측하는 것입니다. 알고자 하는 내용을 정확하게 파악하는 방법은 전체를 모두 조사하는 것이지만 이는 불가능하거나 시간과 노력이 많이 소요되므로 적당한 수를 뽑아서 조사한 후 그 결과로 전체를 추측하면 됩니다.

이러한 방법을 '표본조사' 라고 합니다. 통계학에서의 '표본' 이란, 조사 대상에서 선택한 일부 대상을 뜻합니다. 즉 통계란 자료를 조사하여 분류하고 해석하는 과정이라고 할 수 있습니다. 이와 같이 복잡한 통계 자료를 정리해서 간단한 숫자의 표시로 나타낸 것을 '통계표' 라고 합니다.

※ 통계 자료를 만들기 위해서는 여러 단계를 거쳐야 합니다.

(1) 자료 수집단계

문제 인식을 통해 이를 해결하고자 하는 목적이 무엇인지 알기 위해서는 필요한 통계를 파악하는 자료 수집단계가 필요합니다. 문제 해결을 위해 실제 조사에서 얻어야 할 구체적인 항목을 정하고 조사표를 설계하여 조사할 내용 및 조사 항목을 정합니다. 조사 방법으로는 관찰조사와 면접조사, 전화조사, 우편조사, 그리고 인터넷조사 등 여러 가지 방법이 있습니다.

※ 각 조사 방법의 특징을 살펴보면 다음과 같습니다.

① 관찰조사 : 특정 사건이나 조사 대상들의 움직임을 관찰하여 자료를 수집합니다. 자연 현상을 연구할 때 유용합니다.

② 면접조사 : 조사자가 응답자를 직접 만나 자료를 수집합니다. 응답자와 주변사항을 직접 관찰할 수 있으나 시간과 비용이 많이 듭니다.

③ 전화조사 : 응답자와 전화 통화를 통해 조사합니다. 자료 수집 시간과 비용이 적게 듭니다.

④ 우편조사 : 조사표를 우편으로 우송하여 응답을 얻게 됩니다. 경비는 적게 들지만 응답 회수율이 낮은 단점이 있습니다.

⑤ 인터넷조사 : 인터넷망을 통해 자료를 수집합니다. 짧은 시간에 많은 조사가 가능하나 조사 대상자가 인터넷 사용자로 한정될 수 있습니다.

조사 대상은 조사 대상의 전후, 또는 그중 일부만을 선택하고 조사 시기는 조사의 기준이 되는 시점과 실제로 조사하는 시기를 결정합니다. 조사 기관에 대한 소개, 조사의 목적, 쓰임, 응답 내용에 대한 비밀 보장을 안내하는 안내장을 배부하여 조사 대상의 적극적인 협조를 구하고 만들어진 조사표를 가지고 조사 대상으로부터 개별 자료를 수집합니다. 여론조사를 통해 일반 사람들의 의사를 조사할 때에는 면접이나 질문지 등을 사용해야 합니다.

이때 여론조사는 전수조사와 표본조사가 있습니다. 조사 대상의 범위를 전체로 할 때 시간과 비용이 많이 드는 **전수조사**와 조사 대상의 범위를 일부로 할 때 조사 대상을 잘 선정해야 하는 **표본조사**가 있습니다.

(2) 자료 해석 및 예측 · 활용하기

자료의 해석은 정리된 자료에서 보고 나타난 사실을 기술하는 것으로 통계의 목적에 맞도록 해석해야 합니다. 다양한 종류의 그래프 중 자료의 성격에 맞는 그래프를 사용합니다. 그래프의 내용을 살펴봄으로써 통계의 목적에 맞는 올바른 해석을 할 수 있습니다.

※ 그래프는 실생활에서 많이 접할 수 있는 친근한 소재를 이용합니다.

① 그래프를 해석할 때의 유의점 찾기
- 같은 자료라도 눈금의 크기를 다르게 했을 경우
- 중간 부분에 물결선이 들어간 경우

② 신문이나 인터넷에 나타난 우리 지역에 대한 자료를 찾아 분석하여 통계 그래프를 통한 우리 지역의 현재 모습 알아보기

③ 통계 자료를 분석하여 우리 지역의 여러 변화를 살펴보고 미래를 예측하기

우리는 복잡한 통계 자료를 표로 정리하고 그래프로 나타내어 해석한 결과를 토대로 앞으로의 일을 예측해 볼 수도

있습니다. 이러한 예측을 통하여 의사 결정을 해야 하므로, 반드시 통계의 목적에 따라 타당한 근거와 이유를 제시해야 합니다. 잘못된 점이 발견되면 다시 예측합니다.

(3) 통계 자료 중 잘못된 경우 찾기

그래프의 잘못된 점을 찾아보면서 그래프를 그릴 때의 오류를 미리 예방합니다. 신문의 그래프에는 수학적으로 왜곡된 자료들이 가끔 있습니다. 이러한 왜곡 현상은 강조하려는 내용을 표현하기 위해 데이터를 단순화하거나 압축하는 과정에서 나타나게 됩니다. 따라서 그래프를 만들 때 데이터의 과장이나 축소를 주의해야 합니다.

그래프에는 실제 숫자가 적혀 있으므로 보는 사람들이 이해하는 데 문제가 없다고 말할 수도 있습니다. 하지만 그래프의 목적이 크기의 변화를 간단하게 보여주는 것이며, 그래프를 보는 사람도 숫자를 읽어 크기를 비교하기보다는 그래프가 주는 인상으로 차이를 쉽게 느끼므로 그래프를 그릴 때는 세심한 주의가 필요하다고 하겠습니다.

(4) 그래프 해석 시 유의점

같은 수치의 자료로 그래프를 그리더라도 사람마다 다른 모양의 그래프를 만들어 다르게 해석하는 결과를 낼 수 있습니다. 따라서 주변에서 흔히 접하는 그래프들을 유심히 보고 자료의 경향을 파악할 때는 주의해서 살펴야 정확히 파악할 수 있습니다.

(5) 통계 자료 분석하기

자료의 해석은 자료를 만드는 것만큼 중요합니다. 통계의 목적에 맞는 해석이 필요하므로 어떠한 그래프를 그렸는가를 중점으로 자료의 성질을 파악하는 것부터 잘 살펴보아야 합니다. 그러므로 그래프의 내용을 분석하고 올바른 해석을 하는 연습도 필요합니다.

통계청의 홈페이지www.nso.go.kr, 국가통계포털정보시스템www.kosis.kr 등을 이용하여 자료를 검색하고 분석하는 데 참고합니다.

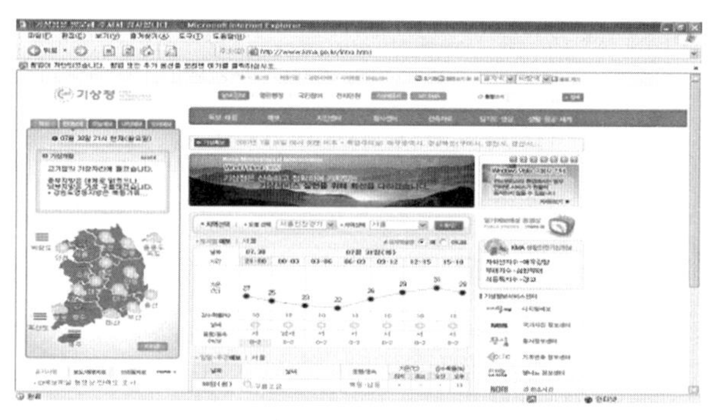

기상청 홈페이지의 꺾은선그래프

(6) 미래 예측하기

복잡한 통계 자료를 표로 정리하고 그래프로 나타내어 분석한 결과를 토대로 앞으로의 일을 예측할 수 있습니다. 이러한 예측은 반드시 통계의 목적에 따라 타당한 근거와 이유를 들어야 합니다. 통계 자료를 작성한 후에 잘못된 점이 발견되면 다시 예측하는 과정을 반복적으로 수행합니다.

관련되는 여러 통계 자료를 통합하여 분석해야 정확한 자료를 얻을 수 있으므로 주변에서 다양한 통계 자료를 찾아 분석하는 학습을 스스로 할 수 있어야 합니다.

1. 통계 만들기 단계

준비하기 → 자료 수집 · 기록하기 → 자료 분류 · 정리하기 → 표로 나타내기 → 그래프로 나타내기 → 자료 해석하기 → 예측 · 활용하기

2. 통계 분석의 절차

문제 제기 → 모집단 설정 → 표본추출 → 자료수집 → 정보 산출 → 의사결정

3. 통계학의 역사

존 그랜트는 영국의 사회 통계학자로 정치 산술政治算術, political arithmetic의 창시자입니다. 페티의 정치 산술에 공헌하였고, 또 근대 통계학의 발전에도 크게 기여하였습니다. 페티는 시민혁명기인 1652년 O.크롬웰의 아일랜드 파견군의 군의軍醫로 종군하고, 그 후 행정관으로서 아일랜드 반란군에게 몰수한 토지의 측량, 인구조사 등을 하였습니다.

도수분포표를 이용하면 많은 양의 자료를 분석하기 편리하고,

여러 가지 그래프로 나타내는 데 유용합니다.

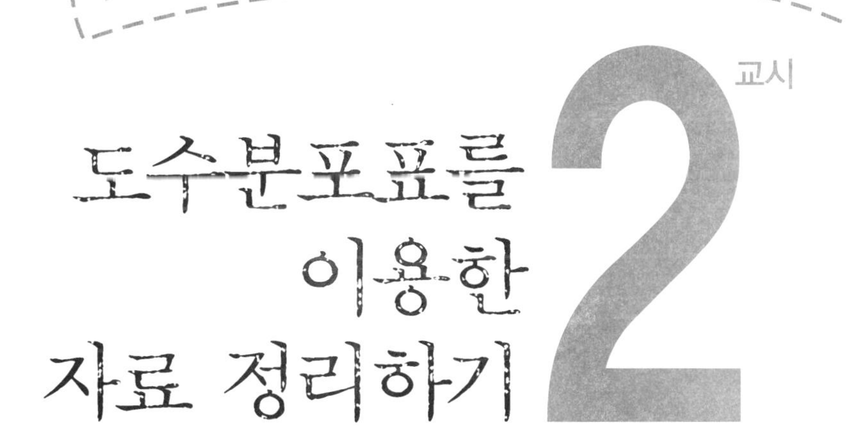

2교시 도수분포표를 이용한 자료 정리하기

2교시 학습 목표

1. 도수분포표를 이해하고 설명할 수 있습니다.
2. 도수분포표를 이용하여 자료를 정리할 수 있습니다.

미리 알면 좋아요

1. 통계표에 비율을 나타내면 전체의 모습을 더 이해하기 쉬워집니다. 그래서 통계표에는 단위와 퍼센트%를 많이 씁니다.

2. 자료를 조사하여 분류하기 위해서는 한눈에 보기 쉬운 '조사표'를 제작하여 자료의 의미를 파악하는 데 용이하게 사용합니다. 특히, '도수분포표'를 이용하여 통계를 분석하게 됩니다.

문제

1 다음의 표는 1996년에 개최된 올림픽 대회에 참가한 우리나라 선수들의 경기 종목별 인원수입니다.

참가 인원수 (단위 : 명)

종목	남	여	계	종목	남	여	계	종목	남	여	계
농구	12	12	24	승마		2	2	축구	18		18
레슬링	15		15	야구	20		20	탁구	4	4	8
배구	12	12	24	양궁	6	6	12	테니스	2	3	5
배드민턴	8	10	18	역도	5	2	7	펜싱	9	5	14
복싱	10		10	요트	3	2	5	하키	15	14	29
사격	6	14	20	유도	6	5	11	핸드볼		16	16
사이클	9	1	10	육상	12	8	20				
수영	11	13	24	체조	5	9	14				
								합계	188	138	326

표에서 참가 인원 규모에 따른 종목 수의 대략적인 분포를 알아볼 때, 편리한 방법으로 나타낼 수 있는 방법을 생각해 봅시다.

시 · 도별 인구수, 연도별 무역액, 우리나라의 주택 수의 변화 등 통계표는 우리 생활 속에서 쉽게 찾아볼 수 있습니다.

통계표에는 단위와 퍼센트%가 적혀 있는 경우가 많은데 그 이유는 무엇일까요? 이는 단지 조사된 숫자를 정리하는 데 그치지 않고 더 중요한 정보들을 나타내기 위해서입니다. 예를 들어, 현재의 주택 수가 국민 모두에게 필요한 주택의 약 70%를 충족한다면 약 30%의 주택이 부족하다는 것을 쉽게 알 수 있죠. 이렇게 통계표에 비율을 나타내면 전체의 모습을 더 이해하기 쉬워지겠죠. 그래서 통계표에는 단위와 퍼센트%를 많이 쓴답니다.

그래프도표는 통계표를 보다 더 쉽게 그림그래프으로 나타낸 것입니다. 복잡한 내용을 하나의 표에 정리하여 자세히 나타낸 통계표를 도표로 그리면 한눈에 알아보기 쉬워집니다.

그러면 도표에는 어떤 종류들이 있을까요?

이는 수학적 의사소통의 한 요소인 '자료를 그래프로 나타내기', '그래프나 기호로 주어진 자료를 읽고 해석하기' 등과 관련됩니다. 자료를 조사하여 분류하기 위해서는 한눈에 보기 쉬운 '조사표'를 제작합니다. 이는 자료의 의미를 파악하는 데 용이하게 사용되며 특히, '도수분포표'를 이용한 통계를 분석하게 됩니다.

이번에는 문제에 주어진 표의 참가 인원 규모에 따른 종목 수의 대략적인 분포를 알아보겠습니다. 이러한 때는 도수분포표가 편리한 방법으로 사용됩니다.

먼저, 고려해야 할 조건으로 '종목'과 '계'를 잘 살펴보면 참가 인원이 적게는 2명부터 많게는 29명까지 분포되어 있음을 알 수 있습니다. 그렇다면, 참가 인원수의 단계를 5명 단위로 잘라 6개의 단계로 구분해 보겠습니다.

예를 들어,

i) 0명 이상 5명 미만인 경우 : '계' 를 살펴보면 승마에서 2명임을 알 수 있습니다. 승마 외의 다른 경우는 찾아지지 않으므로 종목 수는 1개가 됩니다.

ii) 5명 이상 10명 미만인 경우 : '계' 를 살펴보면 요트가 5명, 테니스가 5명, 역도가 7명, 탁구가 8명으로 종목 수는 4개가 됩니다.

이렇게 인원수별로 종목 수를 차례로 체크하여 다음과 같은 도수분포표를 작성할 수 있게 됩니다.

참가 인원수(명)	종목 수
0 이상 ~ 5 미만	1
5 ~ 10	4
10 ~ 15	6
15 ~ 20	4
20 ~ 25	6
25 ~ 30	1
합계	22

위의 표로 조건에 맞게 도수분포표를 작성하면, 변량, 계급, 도수, 계급의 크기를 다음과 같이 정의 내릴 수 있습니다. **변량**이란 통계에서 조사 내용의 특성을 수량으로 나타낸 것입니다. 변량에는 신장이나 체중처럼 구간 내 값을 연속적으로 취할 수 있는 연속 변량과, 득점처럼 분리된 값만 취하는 이산 변량이 있습니다. 이 경우에는 참가 인원수명가 변량이 됩니다. 이러한 6가지 '0 이상 ~ 5 미만' 형태의 변량을 통틀어 **계급**이라고 합니다. 그리고 통계 자료의 각 계급에 해당하는 변량의 수량을 **도수**라고 합니다. 이 경우에는 종목의 수가 도수가 됩니다. 또한 **계급의 크기**는 5명으로 나누었음을 알 수 있습니다.

다음의 그림은 한눈에 알아볼 수 있게 정리한 것입니다.

참가 인원수(명)	종목 수
0 이상~ 5 미만	1
5 ~ 10	4
10 ~ 15	6
15 ~ 20	4
20 ~ 25	6
25 ~ 30	1
합계	22

(변량: 참가 인원수(명), 도수: 종목 수, 계급의 크기: 0 이상~5 미만, 계급: 각 구간)

변량, 도수, 계급, 계급의 크기를 이용한 위와 같은 조사표를 **도수분포표**라고 합니다. 이 도수분포표를 **히스토그램** histogram이라는 그래프로 표현하면 다음과 같습니다.

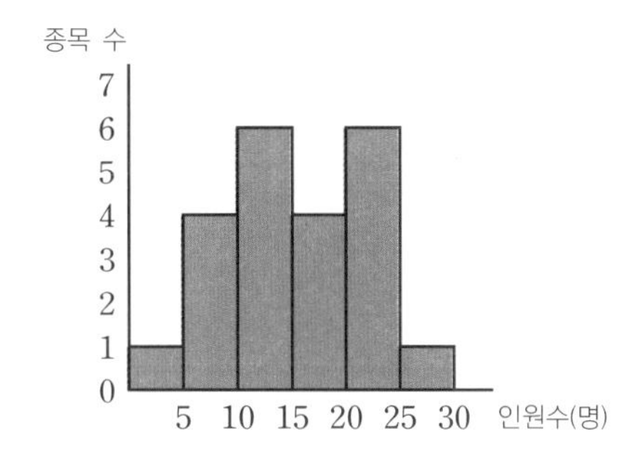

이와 같이 직사각형의 가로축은 도수분포표의 계급을 의미하고 세로축은 도수를 의미하게 됩니다. 히스토그램은 도수분포표를 그래프로 나타낸 것입니다. 도수분포표에 비해 도수가 가장 큰 계급, 가장 작은 계급 등을 찾고 서로 비교하기 쉽습니다. 즉, 도수의 분포 상태를 한눈에 알 수 있습니다. 히스토그램histogram의 gram은 '어떤 쓰인 것의 일부a piece of writing, 또는 그림'을 의미하는 그리스어 'gramma'에서 온 것입니다.

Histo의 어원에 관해서는 두 가지 설이 있습니다. 첫째는 '똑바로 선 것anything upright'을 의미하는 그리스어 histos에서 왔다는 것입니다. 여기에 따르면, 히스토그램에는 '똑바로 선 막대 그림' 의 뜻이 있다고 합니다. 둘째는 역사를 나타내는 history를 줄인 것으로 보며 여기에 따르면 히스토그램에는 통계적인 분포를 '그림으로 표현한 역사' 의 뜻이 있습니다.

북한에서는 '막대도표' 라고 합니다.

※ 히스토그램을 그리는 순서는 다음과 같습니다.

① 계급을 차례로 가로축에 나타냅니다.

② 도수를 차례로 세로축에 나타냅니다.

③ 계급의 크기를 가로로 하고, 도수를 세로로 하는 직사각형을 차례로 그립니다.

이때, 주의할 점은 계급의 크기는 모두 같으므로 직사각형의 가로의 길이는 모두 같게 그린다는 것입니다. 그리고 계급이 연속적으로 이어져 있으므로 직사각형이 서로 연결되도록 그립니다.

※ 내용을 간단히 정리하면 다음과 같습니다.

(i) 도수분포표 : 전체의 자료를 몇 개의 계급으로 나누고, 각 계급에 속하는 도수를 조사하여 나타낸 표

(ii) 변량 : 자료를 수량으로 나타낸 것

(iii) 계급 : 변량을 일정한 간격으로 나눈 구간

(iv) 계급의 크기 : 일정하게 나누어진 구간의 너비, 구간의 폭

(v) 도수 : 각 계급에 속하는 자료의 수

(vi) 계급값 : 계급의 중앙의 값 $\left(=\frac{\text{계급의 양끝 값의 합}}{2}\right)$

(vii) 도수분포표에서의 평균 : $(\text{평균})=\frac{\{(\text{계급값})\times(\text{도수})\}\text{의 총합}}{\text{도수의 총합}}$

히스토그램은 막대그래프와 혼동하기 쉬우므로 주의해야 합니다.

다음의 그래프를 참고합니다. 여러 가지 색의 크레파스의 길이를 재어 길이와 색을 다음과 같은 그래프로 표시하였더니 한눈에 알아보기 쉬워졌습니다.

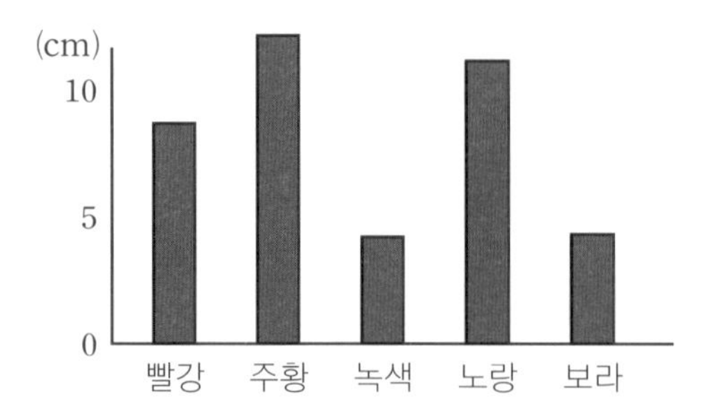

이와 같이 막대그래프는 **가로축에 반드시 수량이 올 필요는 없다**는 특징이 있습니다. 변량의 값들이 비연속적인 까닭은 히스토그램에서 계급과 도수를 표기해야 하는 특징과는 다르게 간단하게 표현할 수 있기 때문입니다. 막대그래프의 종류는 다양하며 따라서 자료의 특성에 맞는 막대그래프를 사용하면 됩니다. 세로로 된 막대그래프, 가로로 된 막대그래프, 한꺼번에 여러 종류가 같이 있는 그래프, 물결선 이 있는 막대그래프 등이 있습니다.

막대그래프와 히스토그램의 차이는?

히스토그램과 막대그래프는 모양이 비슷하여 같은 그래프로 착각하기 쉽습니다. 그러나 히스토그램은 가로축에 반드시 수량을 나타내야 하는 반면, 막대그래프는 가로축에 수량이 오지 않아도 된다는 차이점이 있습니다. 변량들이 연속적이지 않고 떨어져 있는 이산적인 자료일 경우, 계급의 크기가 없고 서로 떨어져 있는 막대로 나타낸 막대그래프를 그리는 것이 좋습니다.

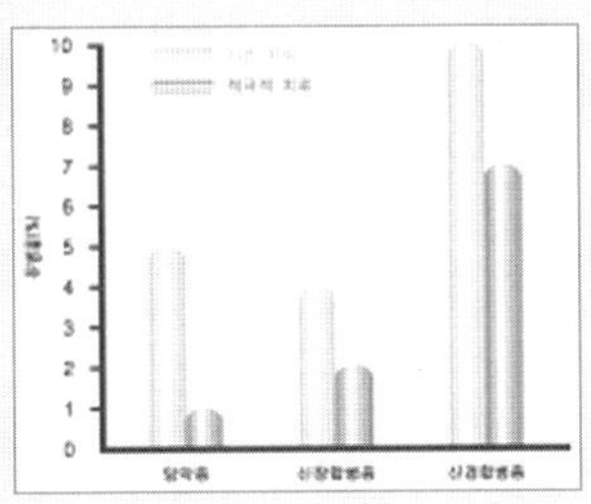

출처 : dminsulinpump.co.kr/2005_file/dm_table2.php?pg=11

※ 이 외에 막대그래프는 변량을 막대의 밑변의 중점에 쓰지만 히스토그램은 막대의 밑변의 끝에 쓴다는 점이 다릅니다. 또한, 막대그래프는 막대의 가로 길이가 달라도 상관없지만 히스토그램 막대의 가로 길이가 달라지면 계급의 크기가 달라지므로 가로 길이는 일정해야 합니다.

막대그래프를 사용하는 경우
자동차 판매 현황 국민의 학력 구성비 지역별 출생 인구수

조사표를 이용하여 여러 가지 그래프를 그릴 수 있습니다. 여기에는 도수분포표, 막대그래프, 히스토그램, 꺾은선그래프, 그림그래프, 비율그래프 등으로 여러 가지가 있습니다. 통계를 분석하고 이해하는 방법을 상황과 조건에 맞게 알맞은 그래프를 사용하여 분석하면 됩니다.

※ 여러 가지 그래프들의 특징

1. 도수분포표

전체의 자료를 몇 개의 계급으로 나누고, 각 계급에 속하는 도수를 조사하여 나타낸 표를 도수분포표라고 합니다. 자료의 결과를 좀 더 쉽게 이해할 수 있습니다.

2. 막대그래프

도수의 대소 비교를 쉽게 판단할 수 있습니다.

3. 히스토그램

연속적으로 변하는 도수의 대소 정도를 쉽게 판단할 수 있습니다.

4. 꺾은선그래프

시간에 따라 자료의 변화 상태와 방향을 쉽게 파악할 수 있고, 나타나지 않은 도수를 예측하는 데 도움을 줍니다.

5. 그림그래프

자료의 분포된 상태를 직관적으로 판단할 수 있습니다.

6. 비율그래프

전체를 100으로 하여 전체에 대한 부분의 크기를 알아보는 데 편리합니다.

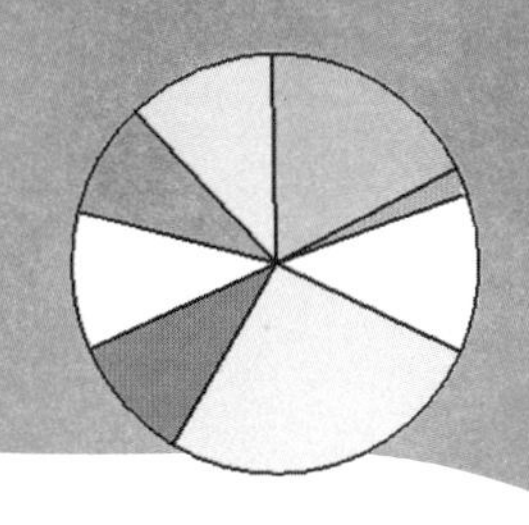

3 교시

물결선을 사용한 꺾은선그래프 이해하기

3교시 학습 목표

1. 꺾은선그래프의 특징을 알고 적절하게 사용할 수 있습니다.
2. 도수분포표을 통해 꺾은선그래프를 그릴 수 있습니다.

미리 알면 좋아요

1. **도수분포표** 전체의 자료를 몇 개의 계급으로 나누고, 각 계급에 속하는 도수를 조사하여 나타낸 표

2. **변량** 자료를 수량으로 나타낸 것

3. **계급** 변량을 일정한 간격으로 나눈 구간

4. **계급의 크기** 일정하게 나누어진 구간의 너비, 구간의 폭

5. **도수** 각 계급에 속하는 자료의 수

6. **계급값** 계급의 중앙의 값 $= \frac{\text{계급의 양끝 값의 합}}{2}$

7. **도수분포표에서의 평균** $(\text{평균}) = \frac{\{(\text{계급값}) \times (\text{도수})\}\text{의 총합}}{\text{도수의 총합}}$

문제

① 형중이와 지빈이가 문구점에서 온도계를 하나 샀습니다. 약 3분간 온도계를 입에 물었다가 빼서 온도를 확인하였습니다. 그러던 중 하루 동안 변화하는 체온이 얼마나 되는지 궁금해졌습니다. 아침 9시를 기준으로 3시간마다 한 번씩 3분간 입에 물고 있다가 빼서 온도를 측정했습니다. 9시아침 9시, 12시점심 12시, 15시오후 3시, 18시저녁 6시, 21시저녁 9시까지 시간을 정해 두고 온도를 재어 기록하였더니 다음과 같았습니다.

	9시	12시	15시	18시	21시
형중	36.0	37.0	37.4	36.5	35.2
지빈	36.2	37.0	37.2	36.9	35.1

그럼, 형중이와 지빈이 두 친구의 체온을 꺾은선그래프로 표시해 보면 어떻게 될까요? 그래프를 표시하기 위해서는 변화된 추이에 초점을 맞추어 생각해야 하므로 약간의 변형된 그래프를 그려 주는 것이 좋습니다.

지난 몇 달 동안의 종합 주가 지수를 숫자로 표시해서는 그 변화를 쉽게 파악하기 어렵습니다. 그러나 지수를 그래프로 나타내면 한눈에 볼 수 있을 뿐 아니라 기사의 내용에 대해 자세히 읽을 시간이 없는 사람들에게 시각적으로 잘 구성된 유용한 정보를 전달할 수 있습니다. 그리고 일상 속의 다양한 상황에서 막대그래프와 꺾은선그래프의 실질적인 예를 찾아보면서 생활 속에서 통계가 다양하게 쓰이고 있다는 것을 알 수 있습니다. 통계가 어려운 학문이 아니라 생활 속에 있으며 유용하게 활용할 수 있다는 인식을 갖는 것이 중요합니다.

앞에서 배운 내용들을 바탕으로 조사표를 보고 도수분포표를 작성하고, 도수분포표를 이용하여 막대그래프와 히스토그램을 직접 만들어 이를 바탕으로 변형된 그래프의 작성법을 이해해 보도록 합시다. 통계 자료들은 인터넷이 가능한 컴퓨터, 필기도구, 신문이나 잡지, 그래프의 스크랩 등을 이용하면 됩니다. 이렇게 만들어 보면 통계가 생활 속에 다양하게 사용되고 있음을 인식하게 될 것입니다.

그래프의 종류에는 막대그래프, 히스토그램, 꺾은선그래프, 그림그래프, 비율그래프 등이 있습니다. 이 문제에서 요구하는 그래프를 그리기 위해 꺾은선그래프를 이용하여 두 학생의 체온을 비교해 보기로 하겠습니다.

꺾은선그래프는 연속적인 변화의 흐름을 알고 싶을 때 사용합니다. 꺾은선그래프의 종류에는 막대그래프와 같이 그린 꺾은선그래프, 여러 자료를 비교하는 꺾은선그래프, 물결선이 있는 꺾은선그래프가 있습니다.

꺾은선그래프를 사용하는 경우
인터넷 가입자 수 매년 학급당 학생 수 경남, 경북 지역의 강수량

측정하는 과정을 반복하여 조사한 결과를 가지고 꺾은선그래프를 작성하게 됩니다. 모눈종이와 같은 격자 모양의 종이가 있으면 더욱 좋습니다.

이제 제시된 문제를 풀어 볼까요?

조건으로 사용될 수 있는 형중이와 지빈이의 체온 변화를 시간별로 조사하였으므로 그래프로 나타내기 위해서는 가로축과 세로축을 선택하여야 합니다.

형중이와 지빈이의 몸무게를 조사하고 모눈종이를 이용하여 그래프를 그려 보았더니 가로는 시간을 나타내고 세로는 온도를 나타내는 좌표평면에 시간의 흐름에 따른 체온의 변화를 선으로 연결하여 나타낼 수 있었습니다. 이러한 그래프를 **꺾은선그래프**라고 합니다.

이날 형중이과 지빈이의 체온이 가장 높았을 때는 15시오후 3시임을 그래프를 통하여 쉽게 알 수 있었고 21시밤 9시에 둘 다 가장 낮은 체온을 나타냈음을 알 수 있었습니다. 또한, 하루 동안 체온이 가장 높은 때와 가장 낮은 때의 온도의 차를 구할 수 있었습니다. 따라서 여러 가지 조건을 만족하는 결과를 얻어내었습니다.

만약에 아침 10시의 형중이의 체온을 알고 싶다면, 그래프를 이용하여 그 시간에 체온이 몇 ℃이었는지의 수치를 확인할 수 있습니다. 그래프를 활용한다면 조사되지 않은 시각의 체온이라도 어림값을 추정해 볼 수 있다는 장점이 있습니다.

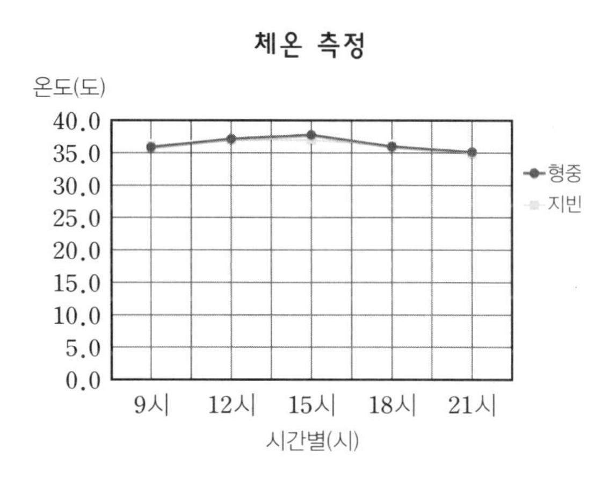

그러나 위의 꺾은선그래프에서는 변화된 값의 차이를 한눈에 알아보기가 어렵습니다. 0℃에서 시작된 값으로 그리기엔 조금 무리가 있어 보입니다. 두 학생의 체온 변화는 35.1℃에서 37.4℃까지의 분포를 보입니다. 그렇다면 꺾은선그래프의 체온을 표기한 그래프의 값에서 세로축의 값이 '0' 이 아니라 35.1℃에서 시작된 점을 고려할 때, 꺾은선그래프에 '물결 모양' 을 이용하여 표현하면 더 효율적으로 나타낼 수 있습니다. 또한 그래프 용지를 아낄 수도 있습니다.

다음 그래프를 보면 누구의 체온 변화가 얼마나 다른지 한눈에 알아볼 수 있겠죠?

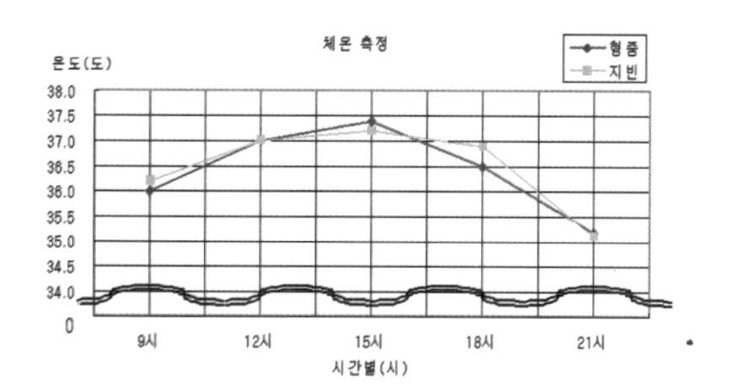

어떤 자료로 그래프를 그릴 때 수치가 너무 크면 모든 수치를 표현할 수 없으므로 중간을 잘라 물결무늬를 그려 넣는 경우가 있습니다. 이런 경우는 자료를 해석할 때 자세히 보지 않으면 오해하기 쉬우므로 주의가 필요합니다.

이렇게 물결선으로 변형된 꺾은선그래프의 예는 흔히 우리 주변에서 관찰되며, 얼마든지 그래프로 표현할 수 있습니다. 다음의 예와 같이 식물의 키를 측정하여 조사한 그래프, 멀리뛰기 선수가 뛴 거리, 정식이의 몸무게를 표기할 때에도 사용하면 됩니다.

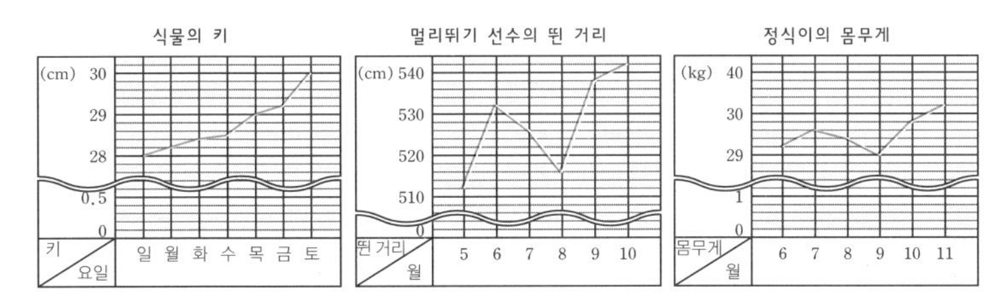

사진 출처 : http://www.topianet.co.kr/topia/4/4su/4-s.htm

1. 어떤 자료를 어떤 그래프로 나타내는지 알아봄으로써 막대그래프는 이산적 변량에 대한 도수의 빈도 상태를 나타내는 데 비하여, 꺾은선그래프는 연속적 변량에 대한 도수의 변화 상태를 나타내는 데 사용된다는 것을 학생들 스스로가 확인할 수 있도록 합니다.

2. 막대그래프의 편리한 점은 각 변량에 따른 도수의 대소 관계를 용이하게 알 수 있다는 것입니다. 즉, 막대의 길이가 도수의 크기를 나타내고 있으므로, 도수의 크기 순서대로 변량을 생각할 때 어느 변량의 도수의 크기가 어느 정도의 위치에 있는지를 쉽게 알 수 있습니다.

3. 꺾은선그래프의 장점은 연속적인 변량에 대한 도수의 변화 상태를 쉽게 알 수 있다는 데 있습니다. 교실의 온도를 조사한 후 막대그래프로 나타내었을 때 어느 시각의 온도가 가장 높은가 또는 낮은가를 용이하게 알 수 있습니다. 그러나 시간의 연속적인 흐름에 대한 온도의 변화 상태를 알아보기에는 불편합니다. 따라서 자료에 따라 막대그래프와 꺾은선그래프를 적절히 선택해서 사용합니다.

4 교시
자료의 정리
– 평균을 이용한
그림그래프 이해하기

4교시 학습 목표

1. 여러 가지 수들의 정의를 알 수 있습니다.
2. 자료를 분석 · 분류하여 그림그래프를 그릴 수 있습니다.

미리 알면 좋아요

평균 자료의 합계를 자료의 개수로 나눈 값을 말하며 $\frac{\text{자료의 합계}}{\text{자료의 개수}}$로 표현됩니다. 도수분포표에서 평균은 각 계급의 계급값과 그 계급의 도수의 곱의 총합을 도수의 총합으로 나누어 구합니다.

즉, $(\text{평균})=\frac{\{(\text{계급값})\times(\text{도수})\}\text{의 총합}}{\text{도수의 총합}}$이 되는 것입니다.

여기서 묻는 문제의 평균은 '계급값'을 생각해 주어야 합니다.

4교시

문제

1 ○○초등학교 2학년 5반과 6반 학생들이 체육 시간에 철봉 오래 매달리기를 측정하는 시간이었습니다. "손의 힘握力, 악력이 센 사람이 철봉에서 더 오래 매달릴까?"라고 체육 선생님께서 물으셨습니다. 그래서 다음과 같은 실험을 하였습니다.

먼저 손의 힘을 측정하는 악력계握力計를 이용하여 악력을 측정하였더니 6반 남학생이 5반 남학생보다 악력이 더 셌습니다. 그리고 체육 시간에 철봉 오래 매달리기를 실시하여 다음과 같은 도수분포표를 얻게 되었습니다.

① 5반 남학생악력이 작은 쪽

매달리기(초)	학생 수
0 이상~ 60 미만	21
60 ~ 120	17
120 ~ 180	7
180 ~ 240	4
240 ~ 300	1
합계	50

② 6반 남학생악력이 큰 쪽

매달리기(초)	학생 수
0 이상~ 60 미만	0
60 ~ 120	4
120 ~ 180	7
180 ~ 240	32
240 ~ 300	17
합계	60

악력의 세기에 따라 철봉 오래 매달리기 시간에 차이가 날까요? 두 반 학생들의 기록을 측정하여 비교하여 봅시다. 이를 이용하여 철봉 오래 매달리기의 평균을 구하고 5반과 6반을 비교하여 악력과의 관계를 알아봅시다.

(1) **평균**

일반적으로 조사 대상에 대하여 한 가지 사항만을 조사하는 것을 기본으로 합니다. 문제와 같이 학생을 대상으로 악력을 조사하여 도수분포표로 나타내면 되는 것입니다. 또는 철봉 오래 매달리기를 대상으로 조사하여 도수분포표를 나타내어도 됩니다. 두 도수분포표의 비교를 위해 평균을 이용하여 비교하면 어느 집단에서의 값이 큰지 정확하게 알 수 있습니다.

평균이란 '자료의 합계를 자료의 개수로 나눈 값'을 말하며, $\frac{\text{자료의 합계}}{\text{자료의 개수}}$로 표현됩니다. 하지만 도수분포표에서 평균은 각 계급의 계급값과 그 계급의 도수의 곱의 총합을 도수의 총합으로 나누어 구합니다.

즉, $(\text{평균}) = \frac{\{(\text{계급값}) \times (\text{도수})\}\text{의 총합}}{\text{도수의 총합}}$이 됩니다. 또한 여기서 묻는 문제의 평균은 **계급값**을 생각해 주어야 합니다.

예를 들어, 5반의 경우

i) 0초 이상 60초 미만일 때, 계급값은 30이 됩니다.

$\therefore (\text{계급값}) \times (\text{도수}) = 30 \times 21 = 630$

ii) 60초 이상 120초 미만일 때, 계급값은 90이 됩니다.

$\therefore (\text{계급값}) \times (\text{도수}) = 90 \times 17 = 1530$

이렇게 각 계급별로 평균을 '(계급값)×(도수)'를 이용하여 구해 줍니다.

① 5반 남학생

매달리기(초)	(계급값)×(도수)
0 이상~ 60 미만	30×21
60 ~ 120	90×17
120 ~ 180	150×7
180 ~ 240	210×4
240 ~ 300	270×1
합계	4320

② 6반 남학생

매달리기(초)	(계급값)×(도수)
0 이상~ 60 미만	30×0
60 ~ 120	90×4
120 ~ 180	150×7
180 ~ 240	210×32
240 ~ 300	270×17
합계	12720

① 5반 남학생악력이 '작은' 쪽의 철봉 오래 매달리기

➡ 평균 :

$$\frac{30\times21+90\times17+150\times7+210\times4+270\times1}{50}=86.4$$

② 6반 남학생악력이 '큰' 쪽의 철봉 오래 매달리기

➡ 평균 :

$$\frac{30\times0+90\times4+150\times7+210\times32+270\times17}{60}=212$$

두 집단의 평균을 비교하면 악력이 '큰' 쪽에 속했던 6반

남학생들의 경우 철봉 오래 매달리기에서도 212초로 5반 학생들보다 높았음을 알 수 있습니다.

∴ 악력이 큰 집단의 철봉 오래 매달리기 시간이 깁니다.

(2) 그림그래프

문제

② 여러분은 친척들이나 부모님께 용돈 받는 것을 좋아하지요? 다음의 그림은 바로 용돈의 액수를 쉽게 알아볼 수 있는 그림그래프입니다. 색칠한 사각형 한 칸의 단위는 천 원으로 용민, 진구, 민아가 한 달 동안 받은 용돈을 기입한 것입니다. 모두 다른 액수를 받는 것 같습니다.
그렇다면, 진구는 한 달 용돈으로 다른 친구들에 비해 얼마나 쓰고 있는지 평균과 그림그래프를 이용하여 분석해 봅시다.

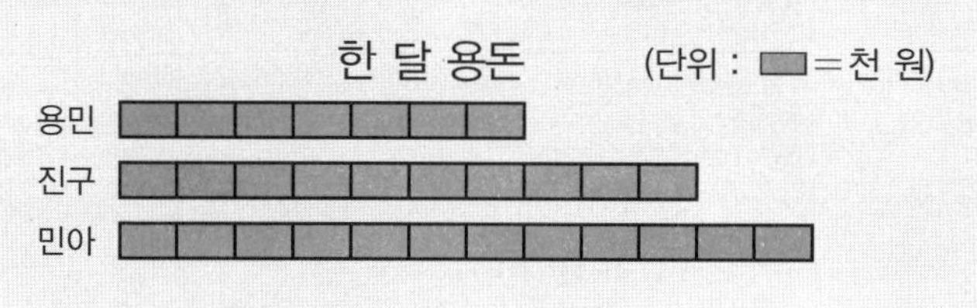

그림그래프란 조사한 자료의 수량을 표가 아닌 그림으로 나타낸 것입니다. 일상의 자료들로 그림그래프를 표현할 때 조사한 자료의 수가 너무 많으면 표를 그리기 어려우므로 주어진 자료의 특성에 알맞게 그림을 그리는 것이 중요합니다. 그림으로 표현할 때에는 표기하는 조건이 중요하게 작용하기 때문에 꼭 조건을 명시해야 합니다.

먼저, 제시된 조건을 잘 숙지합니다.

한 달 용돈을 그림그래프로 그리기 위해 진구가 친구들의 용돈을 조사하여 그림그래프를 작성하였습니다.

용민이는 7칸이므로 7000원,

진구는 10칸이므로 10000원,

민아는 12칸이므로 12000원이 됩니다.

용민, 진구, 민아가 사용하는 한 달 용돈의 평균을 구하면, $\frac{7000+10000+12000}{3}$ ≒9667원임을 알 수 있습니다.

진구가 한 달 사용하는 용돈은 10000원으로 친구들이 사용한 평균 용돈보다 (10000−9667)=333원이 많으므로 진구는 '333원'을 더 쓰는 것을 알 수 있었습니다.

이와 같이 평균과 합계를 이용하면 그림으로 표현된 자료를 정리하여 계산하는 그림그래프를 그리는 데 용이하게 사용될 수 있습니다.

1. 대푯값

분포의 중심 위치를 나타내 주는 값을 대푯값이라고 하며, 대푯값에는 평균, 중앙값, 최빈값 등이 있습니다.

2. 평균

자료의 합계를 자료의 개수로 나눈 값$\left(=\frac{\text{자료의 합계}}{\text{자료의 개수}}\right)$

3. 중앙값

자료를 작은 값에서부터 차례로 크기순으로 나열하였을 때 가운데 위치한 값을 중앙값이라고 합니다. 중앙값은 자료의 개수에 따라 다음과 같이 구할 수 있습니다.

① 자료의 개수가 홀수일 때, 작은 값에서부터 차례로 크기순으로 나열하면 $\frac{n+1}{2}$번째 값으로 표현됩니다.

② 자료의 개수가 짝수일 때, 작은 값에서부터 차례로 크기순으로 나열하면 $\frac{n}{2}$번째와 $\left(\frac{n}{2}+1\right)$번째 값의 평균으로 표현됩니다.

4. 최빈값

자료의 값 중에서 가장 빈번하게 일어난 값을 최빈값이라고 합니다.

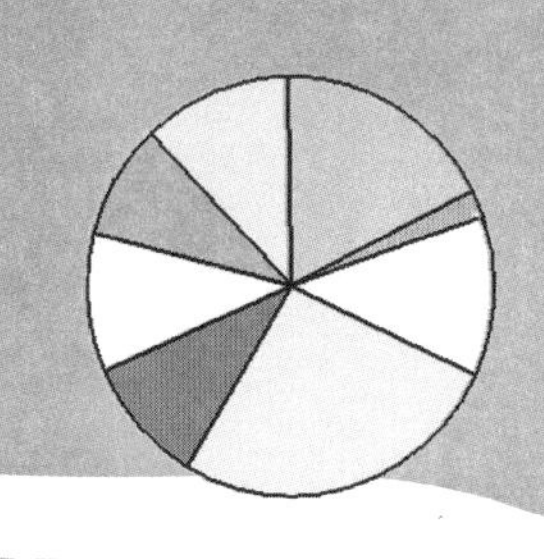

5교시

자료의 정리 – 비율그래프

띠그래프, 사각형그래프, 원그래프

5교시 학습 목표

1. 비율그래프의 특징을 알고 적절하게 사용할 수 있습니다.
2. 자료들을 분석 · 분류하여 여러 가지 비율그래프로 나타낼 수 있습니다.

미리 알면 좋아요

1. 비율比率이란 기준량에 대한 비교하는 양의 크기를 말합니다.

   즉, 비율$=\dfrac{\text{비교하는 양}}{\text{기준량}}$이고 백분율%$=$비율$\times 100$입니다.

2. 백분율을 구하기 위해서는, 비율$=\dfrac{\text{비교하는 양}}{\text{기준량}}$과

   백분율%$=$비율$\times 100$의 공식을 이용합니다.

5교시

문제

① 우리나라 어린이 독서 인구수에 대한 통계청의 자료를 이용하여 2002년 어린이 독서 인구비율을 조사하게 되었습니다. 이때, 조사된 독서 인구의 최소 인원은 10명으로, 8명으로 조사된 울릉도 지역은 제외되었습니다.

지역	서울	경기	경남	경북	전남	전북	강원도	제주도	합계
독서 인구	90	A	60	B	50	60	40	60	500

조사된 표를 바탕으로 각 지역별 독서 인구의 백분율을 구하고, 경기 지역 어린이 독서 인구수의 최솟값, 최댓값과 그에 따른 백분율의 최솟값, 최댓값을 구합니다.
이것을 이용하여 띠그래프, 사각형그래프, 원그래프로 나타내 보시오.

지역	서울	경기	경남	경북	전남	전북	강원도	제주도	합계(%)
독서 인구									

지구에는 63억 가량의 사람이 살고 있습니다. 그중에서 개인 컴퓨터를 가진 사람은 얼마나 될까요? 63억의 사람들을 전부 조사하기엔 숫자가 너무 커서 생각하기가 힘듭니다. 그렇다면 좀 더 간단하게 생각할 수 있는 방법이 없을까요?

이제부터 지구에 사는 63억의 인구를 '100' 이라고 가정합시다. 100명 중에서 한 사람만이 개인 컴퓨터를 가지고 있다고 할 때, 이처럼 기준량을 100으로 하여 비율을 나타내는 것을 **백분율**이라고 합니다.

이렇게 수치를 백분율로 나타냈을 때 좋은 점은 무엇인가요? 백분율로 나타낸 결과를 눈에 잘 보이도록 나타내기 위해서는 어떻게 할 수 있을까요?

이때 그래프를 이용하면 좋습니다. 특히 백분율을 이용할 때에는 **비율그래프**를 이용하면 됩니다.

비율比率이란 기준량에 대한 비교하는 양의 크기를 말합니다. 즉, 비율$=\frac{\text{비교하는 양}}{\text{기준량}}$이고 백분율%$=$비율$\times 100$입니다. 기준량을 100으로 할 때의 비율을 백분율이라 하고, 기호 '%'를 써서 나타냅니다.

자, 문제를 풀어 볼까요?

먼저, 경기와 경북 지역을 제외한 나머지 지역의 백분율을 각각 구하여 아래의 표에 적어 둡니다. 백분율을 구하기 위해서는 비율 $\left(=\frac{\text{비교하는 양}}{\text{기준량}}\right)$과 백분율%(=비율×100)의 공식을 이용하여 구합니다.

i) 서울 지역

$$\frac{\text{서울 지역}}{\text{전체}}\times 100=\frac{90}{500}\times 100=18\%$$

ii) 경남 지역

$$\frac{\text{경남 지역}}{\text{전체}}\times 100=\frac{60}{500}\times 100=12\%$$

이렇게 구한 값을 적어 주면 아래와 같습니다.

지역	서울	경기	경남	경북	전남	전북	강원도	제주도	합계(%)
독서 인구	18	A	12	B	10	12	8	12	100

이제 경기와 경북 지역을 이용하여 경기 지역의 독서 인구의 최솟값과 최댓값을 구해 봅시다. 문제에 제시된 표에서 경기와 경북 지역을 뺀 인구수를 구합니다.

$$A+B=500-(90+60+50+60+40+60)$$
$$=140$$

경기와 경북 지역을 합한 독서 인구수는 총 140명입니다.

여기서, 조사된 독서 인구의 최소 인원수는 10명으로 주어졌습니다.

즉,

i) 경기 지역이 10명이고, 경북 지역이 130명일 때와

ii) 경기 지역이 130명이고, 경북 지역이 10명일 때로 생각할 수 있습니다.

i)의 경우

경기 지역이 10명이고, 경북 지역이 130명

경기 지역 : $\frac{10}{500}\times 100=2\%$이고,

경북 지역 : $\frac{130}{500}\times 100=26\%$가 됩니다.

ii)의 경우

경기 지역이 130명이고, 경북 지역이 10명

경기 지역 : $\frac{130}{500} \times 100 = 26\%$이고,

경북 지역 : $\frac{10}{500} \times 100 = 2\%$가 됩니다.

표를 완성하면 다음과 같습니다.

i) 경기 지역이 최솟값일 때

지역	서울	경기	경남	경북	전남	전북	강원도	제주도	합계(%)
독서 인구	18	2	12	26	10	12	8	12	100

ii) 경기 지역이 최댓값일 때

지역	서울	경기	경남	경북	전남	전북	강원도	제주도	합계(%)
독서 인구	18	26	12	2	10	12	8	12	100

i) 경기 지역이 최솟값일 때,

이것을 띠그래프, 사각형그래프, 원그래프로 나타내면 다음과 같습니다.

① 띠그래프

서울	경기	경남	경북	전남	전북	강원도	제주도
18%	2%	12%	26%	10%	12%	8%	12%

② 사각형그래프

경북 26%
전북 12%
제주도 12%
서울 18%
경남 12%
전남 10%
강원도 8%
경기2%

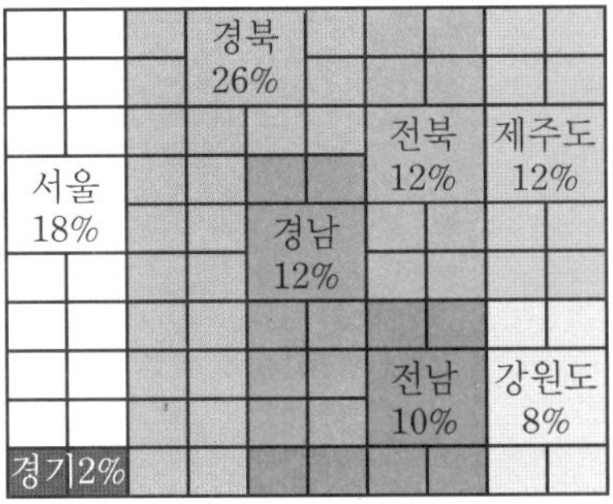

③ 원그래프

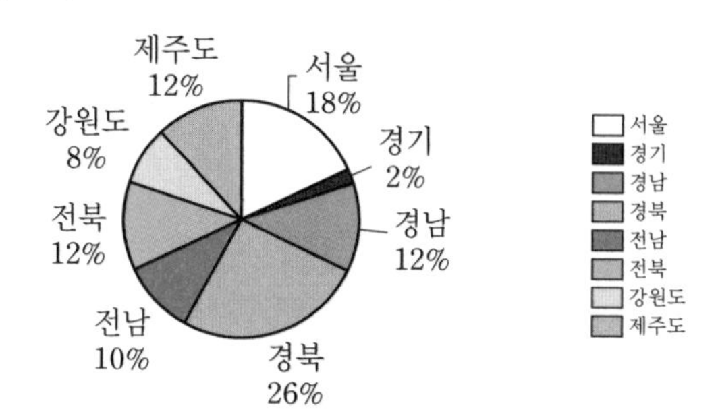

ii) 경기 지역이 최댓값일 때,

이것을 띠그래프, 사각형그래프, 원그래프로 나타내면 다음과 같습니다.

① 띠그래프

서울	경기	경남	경북	전남	전북	강원도	제주도
18%	26%	12%	2%	10%	12%	8%	12%

② 사각형그래프

경기 26%
전북 12%
제주도 12%
서울 18%
경남 12%
전남 10%
강원도 8%
경북2%

③ 원그래프

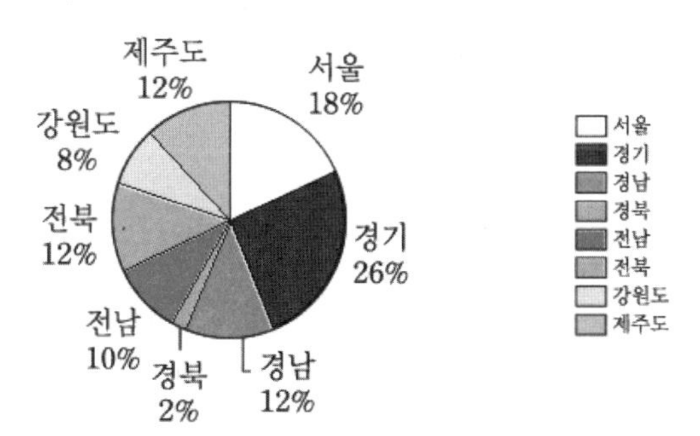

비율그래프의 종류에는 띠그래프, 사각형그래프, 원그래프가 있습니다.

통계를 분석할 때에는 막대그래프, 히스토그램, 꺾은선

그래프를 주로 사용하게 됩니다. 조건을 충족하는 완벽한 그래프를 그려서 분석하기 위해서는 여러 가지 그래프를 알아야 하는데, 특징에 따라 유동적으로 사용할 수 있기 때문입니다. 띠그래프와 원그래프는 부분과 전체, 부분과 부분의 비율을 쉽게 알 수 있다는 장점이 있습니다. 꺾은선그래프의 장점은 시간에 따른 변화를 한눈에 알 수 있다는 점입니다.

앞으로 소개될 그래프의 유형은 주변에서 흔히 사용되는 형태입니다. 매일 접하는 일기 예보, 스포츠 기록, 광고 등에서부터 인구의 변화, 주가의 변동, 수출입의 변화와 각종 여론 조사 결과와 같이 전문적 분야까지 그래프로 표현할 수 있습니다.

(1) **띠그래프**

우리 생활 속에 띠그래프가 사용되는 경우는 많습니다. 띠그래프란 그래프를 직관적으로 바라보며 이러한 직관적

시각을 바탕으로 그래프를 이해하고 제시된 정보를 쉽게 알아보게 만든 형식입니다. 한마디로 띠그래프는 띠의 형태로 비율을 표기하는 방법의 그래프입니다. 사전적 의미로는 비교하는 수나 양 또는 비율 등을 띠 모양으로 이어서 나타낸 도표를 말합니다.

띠그래프를 알기 위해서는 비율과 백분율을 정확히 알아야 합니다.

띠그래프 그리는 방법

① 주어진 자료의 전체의 크기에 대하여 각 항목들이 차지하는 백분율을 구하고 이들 백분율의 합계가 100%가 되는지 확인합니다.

② 각 항목들이 차지하는 백분율만큼 띠를 분할하고, 분할한 띠 위에 각 항목의 명칭을 쓴 후 백분율의 크기를 씁니다.

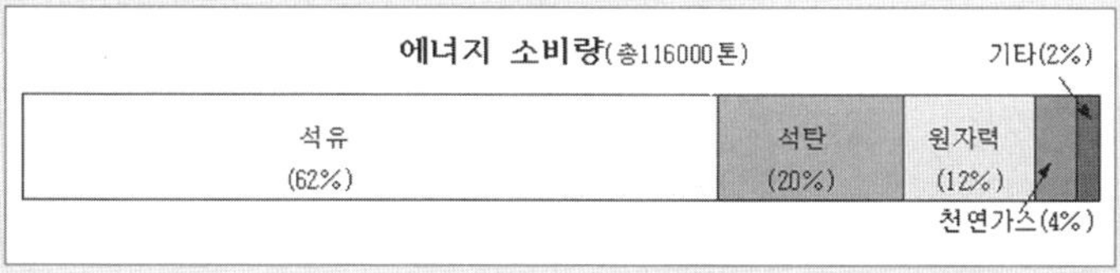

에너지 소비량(총116000톤)

석유 (62%)	석탄 (20%)	원자력 (12%)	천연가스(4%)	기타(2%)

백분율을 구하는 과정보다는 띠그래프의 원리를 이해하는 데 더 중점을 두도록 합니다. 백분율 수치의 크기로 비교하는 것이 아니라 띠그래프에서 각 항목이 차지하는 부분의 크기를 보고 직관적으로 알 수 있어야 합니다.

(2) **사각형그래프**

정사각형의 넓이가 전체의 양을 나타내며, 구분된 사각형의 넓이가 전체와 부분, 부분과 부분 간의 구성 비율을 나타냅니다. 사각형그래프의 칸은 일반적으로 100개입니다. 모눈의 개수로 각 부분의 크기를 나타내며, 전체에 대한 비율을 알아볼 때 도움이 됩니다.

사각형그래프는 전체에 대한 부분의 비율을 알아보기 쉽도록 사각형의 넓이로 나타낸 그래프를 뜻합니다.

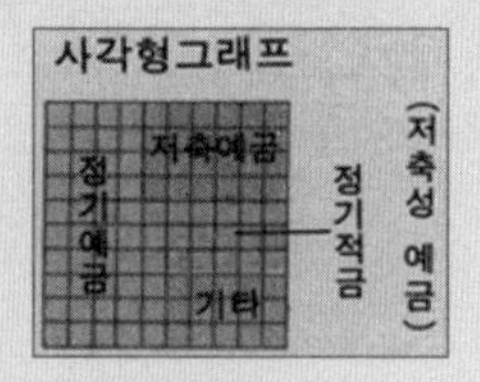

출처 : http://math.kongju.ac.kr/math/main/data/story1/1staz.html#통계%20그래프

(3) 원그래프

원의 넓이가 전체의 양을 나타내며, 구분된 부채꼴의 넓이가 전체와 부분, 부분과 부분 간의 구성 비율을 나타냅니다. 부채꼴의 넓이는 중심각의 크기에 비례하기 때문에 중심각의 크기로 각 구성 비율을 나타낼 수 있습니다.

전체에 대한 각 부뷰의 비율을 부채꼴의 중심각의 크기로 나타낸 그래프를 원그래프라고 합니다. 그리는 방법으로는 각각의 자료가 차지하는 비율을 각으로 나타낸 다음 그것을 원 안에 부채꼴 모양으로 그려 넣으면 됩니다. 원에 표시를 할 때에는 원의 둘레에 임의의 한 점을 중심과 연결한 다음, 시계 방향으로 각을 표시해 나가면 그리기가 쉬워진답니다.

➡ 부채꼴의 중심각$=\frac{\text{해당 자료 수}}{\text{전체 자료 수}}\times 360^{\circ}$로 표현합니다.

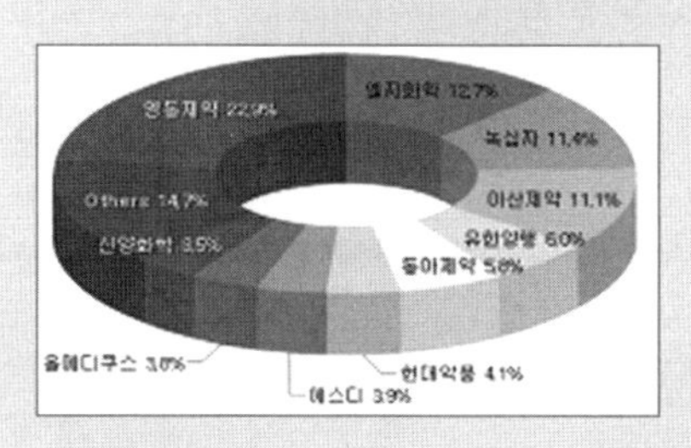

출처 : www.e-diagnostics.info/.../market/spgra_6.jsp

1. 띠그래프 그리는 방법

① 주어진 자료의 전체의 크기에 대하여 각 항목들이 차지하는 백분율을 구하고 이들 백분율의 합계가 100%가 되는지 확인합니다.

② 각 항목들이 차지하는 백분율만큼 띠를 분할하고, 분할한 띠 위에 각 항목의 명칭을 쓴 후 백분율의 크기를 씁니다.

2. 사각형그래프

정사각형의 넓이가 전체의 양을 나타내며, 구분된 사각형의 넓이가 전체와 부분, 부분과 부분 간의 구성 비율을 나타냅니다. 사각형그래프의 칸은 일반적으로 100개입니다. 모눈의 개수로 각 부분의 크기를 나타내며, 전체에 대한 비율을 알아보는 데 좋습니다.

3. 원그래프

전체에 대한 각 부분의 비율을 부채꼴의 중심각의 크기로 나타낸 그래프입니다. 각각의 자료가 차지하는 비율을 각으로 나타낸 다음 그것을 원 안에 부채꼴 모양으로 그려 넣습니다. 원의 둘레에 임의의 한 점을 중심과 연결한 다음, 시계 방향으로 각을 표시해 나가면 그리기가 쉬워진답니다.

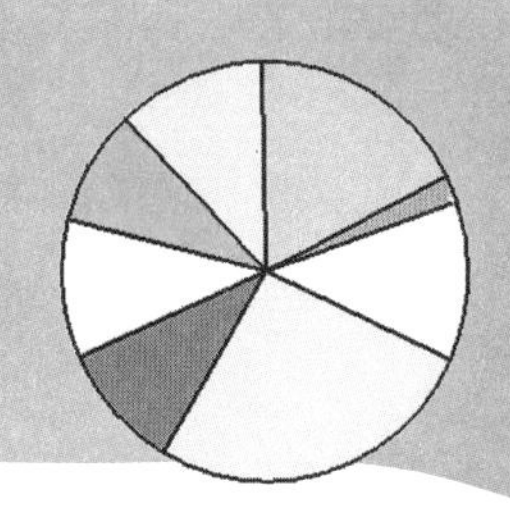

6교시

도수분포표와 히스토그램을 이용한 두 집단의 비교

6교시 학습 목표

1. 히스토그램의 특징을 알 수 있습니다.
2. 주어진 자료를 이용해 도수분포표를 만들고 히스토그램으로 나타낼 수 있습니다.

미리 알면 좋아요

1. 통계 만들기 단계

준비하기 → 자료 수집, 기록하기 → 자료 분류, 정리하기 → 표로 나타내기 → 그래프로 나타내기 → 자료 해석하기 → 예측, 활용하기

2. 통계 분석의 절차

문제 제기 → 모집단 설정 → 표본 추출 → 자료 수집 → 정보 산출 → 의사 결정

6교시

문제

1 진영이네 반과 초롱이네 반 학생들이 불우 이웃 돕기 성금을 하였습니다. 한 사람당 제한된 성금 액수는 5000원이었고 천 원 단위로 걷었습니다. 두 반 학생 수는 35명으로 같았습니다.

진영이네 반 불우 이웃 돕기 성금

	불우 이웃 돕기 성금(원)	학생 수
①	0 이상 ~ 1000 미만	1
②	1000 ~ 2000	9
③	2000 ~ 3000	14
④	3000 ~ 4000	8
⑤	4000 ~ 5000	3
	계	35

초롱이네 반 불우 이웃 돕기 성금

	불우 이웃 돕기 성금(원)	학생 수
①	0 이상 ~ 1000 미만	0
②	1000 ~ 2000	7
③	2000 ~ 3000	13
④	3000 ~ 4000	8
⑤	4000 ~ 5000	7
	계	35

① 두 집단의 도수분포표를 히스토그램으로 그리고, 분포 정도를 따져봅니다.

② 3000원 이상의 성금을 낸 사람의 수를 구합니다. 진영

이네 반과 초롱이네 반의 전체 학생 수에 비해 3000원 이상의 성금을 낸 사람이 몇 %인지를 계산해 보고, 두 반에서의 도수가 가장 큰 계급과 가장 작은 계급에 대해 알아봅시다.

③ 각 반에서 성금의 액수가 가장 높은 순서대로 20번째인 학생은 어느 계급에 속하는지 알아보고 앞의 분석한 내용을 토대로 두 집단의 전체적인 경향을 분석해 보시오.

통계를 공부할 때는 그래프를 단순히 읽고 그리는 방법뿐만 아니라, 어떤 목적에서 표와 그래프로 분류하고 정리하는가에 대한 시각을 기르는 것이 중요합니다. 물론, 대상을 통계적으로 관찰하고 생각하는 태도를 길러 여러 분야에서 활발하게 이용할 수도 있어야 합니다.

① 두 집단을 유심히 보고 다음의 히스토그램을 그려서 비교해 봅시다.

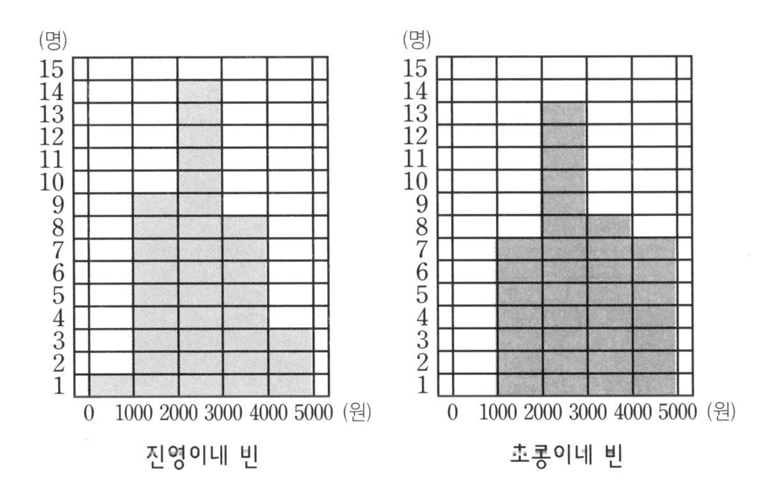

진영이네 빈　　　　초롱이네 빈

위에 그려 놓은 두 집단의 히스토그램을 보고 분석하여 봅시다.

다음 장으로 ☞

두 반의 불우 이웃 돕기 성금의 분포된 범위를 보면, 진영이네 반은 0원부터 5000원까지 분포되어 있고, 초롱이네 반은 1000원부터 5000원까지 분포되어 있음을 알 수 있습니다.

② 3000원 이상의 성금을 낸 사람의 수를 구하고 진영이네 반과 초롱이네 반에서의 전체 학생 수에 비해 몇 %인지를 계산해 보겠습니다.

i) 진영이네 반에서 3000원 이상 성금을 낸 학생 수는 11명이었고, 35명 중에 11명이 3000원을 내었으므로

$\left(\frac{11}{35}\times100\right)\fallingdotseq31.4\%$이며

ⅱ) 초롱이네 반에서 3000원 이상 성금을 낸 학생 수는 15명이었고, 35명 중에 15명이 3000원을 내었으므로 $\left(\frac{15}{35}\times100\right)\fallingdotseq42.9\%$입니다.

∴ 3000원 이상의 성금을 낸 학생 수를 비교하였을 때, 진영이네 반은 31.4%, 초롱이네 반은 42.9%임을 알 수 있었습니다.

다음으로 두 반에서 도수가 가장 큰 계급과 가장 작은 계급에 대해 알아보겠습니다.

ⅰ) 도수가 가장 큰 계급은 진영이네 반과 초롱이네 반 모두 2000원 이상 3000원 미만인 경우에 해당됩니다.

ⅱ) 도수가 가장 작은 계급은 진영이네 반에서는 0원 이상 1000원 미만인 1명의 경우에 해당되며, 초롱이네 반에서도 역시 0원 이상 1000원 미만인 0명의 경우가 해당됩니다.

③-1 각 반에서 성금의 액수가 가장 높은 순서대로 20번째인 학생은 어느 계급에 속하는지 알아보겠습니다.

성금의 액수가 가장 높은 5000원에서부터 각 계급의 도수를 계산하여 20번째 학생을 찾아내면 됩니다.

i) 진영이네 반

인원수를 거꾸로 더해서 20번째가 속하는 계급을 찾아냅니다.

4000원 이상 5000원 미만일 때, 3명

3000원 이상 4000원 미만일 때, 8명

2000원 이상 3000원 미만일 때, 14명

즉, '2000원 이상 3000원 미만' 일 때 속하는 계급에서 25명이 되므로, 우리가 찾고자 하는 20번째 학생이 성금을 한 액수가 속한 경우라고 할 수 있습니다.

ii) 초롱이네 반

역시, 인원수를 거꾸로 더해서 20번째가 속하는 계급을 찾아냅니다.

4000원 이상 5000원 미만일 때, 7명

3000원 이상 4000원 미만일 때, 8명

2000원 이상 3000원 미만일 때, 13명

즉, '2000원 이상 3000원 미만' 일 때 속하는 계급에서 28명이 되므로, 우리가 찾고자 하는 20번째 학생이 성금한 액수가 속한 경우라고 할 수 있습니다.

③-2 앞에서 분석한 내용을 토대로 두 집단의 전체적인 경향을 분석해 보겠습니다.

i) 진영이네 반

진영이네 반 학생들은 불우 이웃 돕기 성금을 1000원 단위로만 모금하였습니다. 이를 히스토그램으로 분석한 결과를 토대로 성금이 분포된 범위를 조사하였더니 0원부터 5000원까지 다양하게 조사되었습니다. 또한 3000원 이상 성금한 학생들의 명수와 백분율을 분석하였더니 11명으로 31.4%였습니다.

도수가 가장 큰 계급은 2000원 이상 3000원 미만이 14명으로 가장 높았으며, 도수가 가장 작은 계급은 0원 이상 1000원 미만이 1명으로 조사되었습니다. 성금의 액수가 많은 순서대로 20번째 높은 성금을 한 학생은 2000원 이상 3000원 미만에 속해 있었습니다.

ii) 초롱이네 반

초롱이네 반 학생들은 불우 이웃 돕기 성금을 1000원 단위로만 모금하였습니다. 이를 히스토그램으로 분석하고 성금이 분포된 범위를 조사하였더니 0원부터 5000원까지 다양하게 조사되었습니다. 또한 3000원 이상 성금한 학생들의 명수와 백분율을 분석하였더니 15명으로 42.9%였습니다.

도수가 가장 큰 계급은 2000원 이상 3000원 미만이 13명으로 가장 높았으며, 도수가 가장 작은 계급은 0원 이상 1000원 미만이 0명으로 조사되었습니다. 성금의 액수가 많은 순서대로 20번째 높은 성금을 한 학생은 2000원 이상 3000원 미만에 속해 있었습니다.

두 집단을 조사하여 분석하게 될 경우

조사 대상, 조사 방법, 조사 시기를 정해야 합니다. 어떤 조건이냐에 따라 분류하고 분석하는 방법이 달라지기 때문입니다. 마지막 ③의 물음과 같이 두 집단의 경향을 분석하게 될 때, 분석할 수 있는 자료를 충분히 수집해야만 빠뜨리는 자료 없이 정확한 분석을 할 수 있게 됩니다.

따라서 통계의 학습 방향은 단순히 읽고 그리는 방법만 강조하지 않고, 어떤 목적에 따라서 표와 그래프로 분류하고 정리하는 시각도 길러 주어야 합니다. 물론 대상을 통계적으로 관찰하고 생각하는 태도도 길러 여러 분야에서 활발하게 이용할 수 있어야 합니다.

도수분포다각형은 둘 이상의 자료의 분포 상태를

쉽게 알 수 있습니다.

7교시
도수분포다각형에
대해 이해하기

7교시 학습 목표

1. 도수분포다각형의 특징을 알 수 있습니다.
2. 주어진 자료를 분석 · 분류하여 도수분포다각형으로 나타낼 수 있습니다.

미리 알면 좋아요

도수분포다각형 히스토그램에서 각 직사각형의 윗변의 중점을 연결한 그래프를 도수분포다각형이라고 합니다.

7교시

문제

[1] 영웅이는 방학 숙제 중 '아버지의 직장 방문하기'가 있어서 아버지의 근무 현장에 같이 따라가게 되었습니다. 영웅이네 아버지는 H회사의 건설 현장을 감독하시는 분이십니다.

영웅이는 건설 현장에서 철골 구조물, 시멘트, 모래, 강화유리 등 많은 재료를 보고 신기해했습니다. 그중에서도 철골 구조물이 굉장히 다양한 것을 확인하고 철골 구조물의 길이를 측정하여 다음과 같이 표를 작성하였습니다.

철골 구조물 길이(cm)	개수
145 이상 ~150 미만	5
150 ~ 155	15
155 ~ 160	35
160 ~ 165	40
165 ~ 170	30
170 ~ 175	10
175 ~ 180	0
합계	135

도수분포다각형이란

히스토그램에서 각 직사각형의 윗변의 중점을 연결한 그래프를 도수분포다각형이라고 합니다. 히스토그램에서 각 직사각형 윗변의 중점은 계급값에 해당하며, 도수분포다각형은 두 개 이상의 자료의 분포 상태를 쉽게 알 수 있다는 특징이 있습니다.

히스토그램과 도수분포다각형의 넓이를 구하는 것도 가능합니다. 히스토그램의 직사각형의 넓이의 합과 도수분포다각형과 가로축으로 둘러싸인 부분의 넓이는 같다는 특징을 이용합니다.

도수분포표

몸무게(kg)	학생 수 (명)
40이상 ~ 45미만	2
45 ~ 50	4
50 ~ 55	6
55 ~ 60	10
60 ~ 65	5
65 ~ 70	3
합 계	30

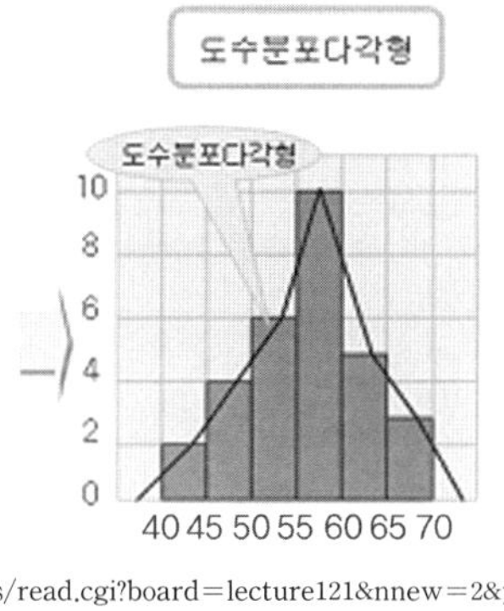

도수분포다각형

출처 : http://jooh.net/mathematics/read.cgi?board=lecture121&nnew=2&y_number=15

즉, (도수분포다각형과 가로축으로 둘러싸인 부분의 넓이)

=(히스토그램의 직사각형의 넓이의 합)

=(계급의 크기)×(도수의 총합)

히스토그램은 자료 하나의 분포 상태를 알아보기 쉽고, 도수분포다각형은 두 개 이상의 자료의 분포 상태를 알아보기 쉽습니다.

주어진 도수분포표를 이용하여 히스토그램으로 나타내고, 도수분포다각형으로도 표현하면 다음과 같습니다. 그 방법은 두 가지가 조금 다릅니다. 히스토그램의 경우 계급을 차례로 가로축에 나타내고 도수를 세로축에 씁니다. 또한 각 계급의 크기를 가로로 하고 도수를 세로로 하는 직사각형을 차례로 그리는 반면, 도수분포다각형의 경우에는 히스토그램에서 각 직사각형의 윗변의 중점을 차례로 연결하여 나타내면 됩니다.

몸무게(kg)	학생 수
30 이상 ~35 미만	4
35 ~ 40	6
40 ~ 45	12
45 ~ 50	8
합계	30

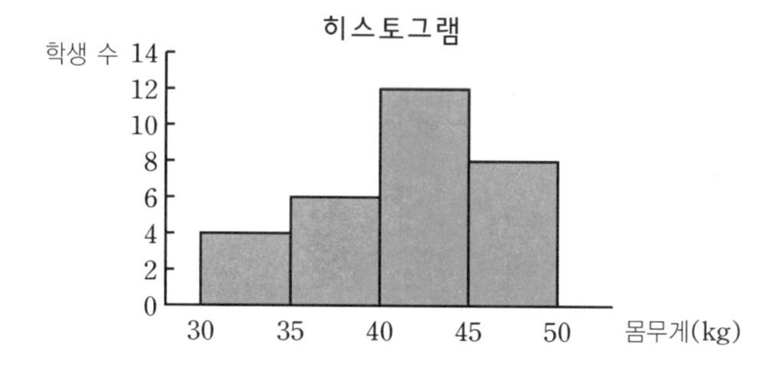

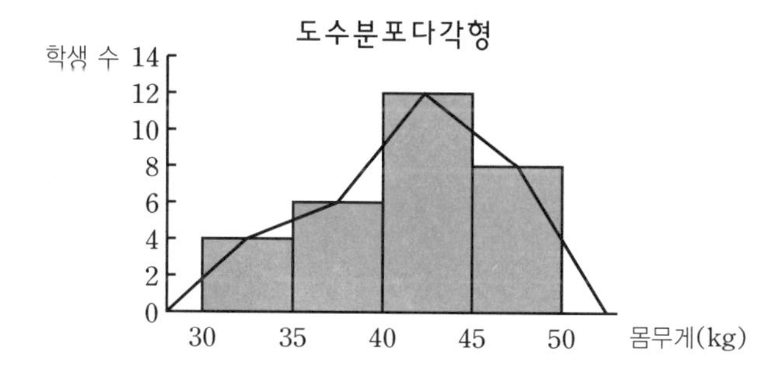

정리하면 도수분포다각형을 그리기 위해서는 우선 도수분포표가 있어야 하고 이를 응용하여 히스토그램과 도수분포다각형을 그려야 합니다.

앞의 문제를 풀어보겠습니다.

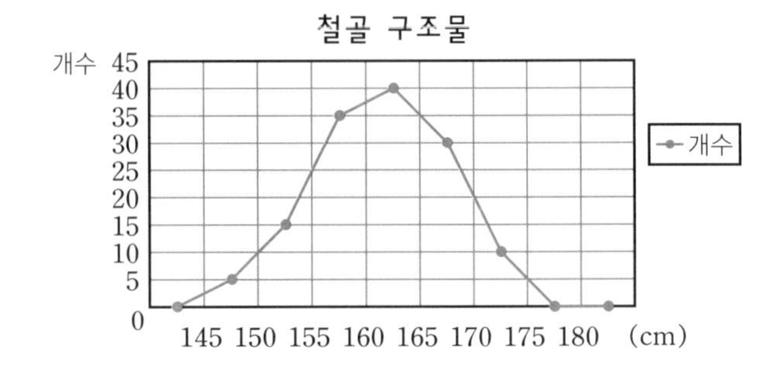

히스토그램이나 도수분포다각형은 그 모양에서 자료가 분포된 상태를 관찰하기가 쉽기 때문에 자료의 전체 특징을 알 수 있습니다.

그런데 도수분포표나 히스토그램에서 분포 상태를 조사해 보면 도수가 제일 큰 계급이 분포의 중앙에 있고 그것을 중심으로 거의 대칭으로 되어 있는 경우가 많습니다. 그리고 자료에 따라 여러 가지 모양이 나타나기도 합니다. 통계는 눈으로 보기만 해도 모두 아는 것 같지만 직접 통계표를 그려 보지 않으면 아는 문제도 풀 수 없습니다. 그러므로 배운 내용을 직접 그려 보는 것이 가장 중요합니다.

1. 히스토그램에서 도수분포다각형의 각 직사각형 윗변의 중점은 계급값에 해당합니다. 도수분포다각형은 두 개 이상의 자료의 분포 상태를 쉽게 알 수 있다는 특징이 있습니다.

   히스토그램과 도수분포다각형의 넓이를 구할 수 있는데 히스토그램의 직사각형의 넓이의 합과 도수분포다각형과 가로축으로 둘러싸인 부분의 넓이는 같습니다.

2. (도수분포다각형과 가로축으로 둘러싸인 부분의 넓이)

   =(히스토그램의 직사각형의 넓이의 합)

   =(계급의 크기)×(도수의 총합)

상대도수와 누적도수를 알아보고 그래프를 그려 봅시다.

8교시
상대도수와 누적도수에 대해 이해하기

8교시 학습 목표

1. 상대도수와 누적도수를 이해하고 설명할 수 있습니다.
2. 도수분포표를 통해 상대도수와 누적도수를 구하고 표로 나타낼 수 있습니다.

미리 알면 좋아요

1. **상대도수** 도수분포표에서 도수의 총합에 대한 각 계급의 도수의 비율

$$상대도수=\frac{그\ 계급의\ 도수}{도수의\ 총합}$$

2. **누적도수** 도수분포표에서 각 계급의 도수를 변량이 작은 쪽의 값부터 차례로 더하여 얻은 도수를 말합니다. 쉽게 풀어 설명하면 누적은 쌓아 나간다는 뜻으로 사칙연산에서 덧셈+의 의미와 같습니다.

문제

1 표 ①은 G초등학교 2학년 10반 학생들의 수학 성적과 2학년 전체 학생의 수학 성적을 적어 도수분포표를 작성한 것입니다.

〈표 ①〉 상대도수분포표 1

점수 (점)	도수		상대도수	
	10반	전체	10반	전체
0 이상~ 10 미만	0	0		
10 ~ 20	0	0		
20 ~ 30	0	8		
30 ~ 40	2	35		
40 ~ 50	6	59		
50 ~ 60	7	60		
60 ~ 70	14	81		
70 ~ 80	11	37		
80 ~ 90	7	20		
90 ~ 100	3	13		
합계	50	313		

i) 표의 도수학생의 수를 이용하여 10반과 전체의 상대도수를 각각 구해 봅시다. 또 10반과 전체에서 70점 이상인

학생은 각각 몇 명입니까?

ii) 두 집단의 자료의 분포를 비교하기 위해 상대도수분포표를 작성하고, 상대도수분포다각형의 그래프를 그려보시오.

표 ②는 J초등학교 300명과 Y초등학교 200명의 몸무게에 대한 상대도수분포표입니다.

〈표 ②〉 상대도수분포표 2

몸무게 (kg)	도수 (명)	
	J초등학교	Y초등학교
30 이상~35 미만	0.03	0.05
35 ~ 40	0.13	0.07
40 ~ 45	0.16	0.1
45 ~ 50	0.19	0.22
50 ~ 55	0.27	0.34
55 ~ 60	0.16	0.16
60 ~ 65	0.06	0.06
합계	1	1

i) 상대도수를 이용하여 학생의 수를 구하고, 몸무게가 50kg 이상 55kg 미만인 학생의 수를 각각 비교하여 봅시다.

ii) 두 집단의 자료의 분포를 비교하기 위해 상대도수분포다각형을 그려 보시오.

(1) **상대도수** relative frequency

앞의 문제를 풀면서 도수분포표를 가지고 각 계급의 도수를 알기는 쉬운데, 각 계급의 도수가 전체에서 차지하는 비율을 알아보기는 어렵다는 생각을 하지 않았나요?

각 계급이 전체에서 차지하는 비율을 비교하려면, 각 계급의 도수를 전체 도수로 나눈 값을 이용하는 것이 좋습니다. 우리는 앞으로 이것을 상대도수라고 약속합니다.

상대도수란,

도수분포표에서 도수의 총합에 대한 각 계급의 도수의 비율입니다. '$\text{상대도수}=\dfrac{\text{그 계급의 도수}}{\text{도수의 총합}}$' 이며, 다시 말하면, 상대도수는 계급의 도수를 전체 도수로 나눈 값이 됩니다.

모든 도수분포표에서 각 계급의 상대도수의 합은 $\dfrac{\text{그 계급의 도수}}{\text{도수의 총합}}$를 모두 더해야 하므로, 결국 $\dfrac{\text{도수의 총합}}{\text{도수의 총합}}$이 되어 항상 '1' 이 됩니다.

$\therefore$ 상대도수의 합$=1$

상대도수분포표relative frequency table란,

자료의 개수가 서로 다른 두 개 이상의 자료의 분포 상태를 비교하기 위해서 자료를 총 도수에 대한 각 계급의 도수의 비율상대도수로 나타낸 표입니다. 자료를 관찰하고 상대도수를 구한 것을 이용하여 상대도수분포표를 작성할 수 있습니다.

1) 상대도수분포표 1

점수 (점)	도수		상대도수	
	10반	전체	10반	전체
0 이상~ 10 미만	0	0		
10 ~ 20	0	0		
20 ~ 30	0	8		
30 ~ 40	2	35		
40 ~ 50	6	59		
50 ~ 60	7	60		
60 ~ 70	14	81		
70 ~ 80	11	37		
80 ~ 90	7	20		
90 ~ 100	3	13		
합계	50	313		

'상대도수$=\dfrac{\text{그 계급의 도수}}{\text{도수의 총합}}$'를 도수와 도수의 합계를 이용하여 각각을 계산하여 구합니다.

i) 10반에는 50점 이상 60점 미만의 경우 7명의 학생이 포함되어 있고 10반 학생 수는 50명입니다.

즉 $\dfrac{7}{50}=0.14$로 구할 수 있습니다.

ii) 전체인 경우에도 50점 이상 60점 미만의 경우 60명의 학생이 포함되어 있고 전체 학생 수는 313명이므로

$\frac{60}{313} \fallingdotseq 0.19$로 구할 수 있습니다.

① 다른 점수대의 상대도수를 각각 구합니다.

점수(점)	도수		상대도수	
	10반	전체	10반	전체
0 이상~ 10 미만	0	0	0	0
10 ~ 20	0	0	0	0
20 ~ 30	0	8	0	0.03
30 ~ 40	2	35	0.04	0.11
40 ~ 50	6	59	0.12	0.19
50 ~ 60	7	60	0.14	0.19
60 ~ 70	14	81	0.28	0.26
70 ~ 80	11	37	0.22	0.12
80 ~ 90	7	20	0.14	0.06
90 ~ 100	3	13	0.06	0.04
합계	50	313	1	1

구해진 표를 바탕으로 개수가 서로 다른 자료의 분포 상태를 비교하는 방법에 대하여 알아봅시다.

위의 표, 10반과 전체에서 70점 이상인 학생은 각각 몇 명입니까?

이 문제를 풀기 위해서는 생각해야 할 조건들이 있습니

다. 10반의 학생 수는 50명이고, 전체의 학생 수는 313명으로 두 자료에서 도수의 합들이 서로 달라 두 자료의 크기가 다릅니다. 때문에 도수만으로 이 두 자료의 분포 상태를 비교하는 것은 의미가 없습니다. 이는 매우 중요합니다. 그러므로 이와 같은 경우는 도수 대신 '전체 도수에 대한 각 계급의 도수의 비의 값'을 구하여 비교하면 편리할 것입니다.

70점 이상인 학생수에 대하여

10반은 $\frac{21}{50}=0.42$이고, 전체는 $\frac{70}{313}≒0.22$입니다.

∴ 70점 이상인 학생 수는 전체에 비하여 10반의 경우가 '상대적으로' 많음을 알 수 있습니다.

상대도수분포표 1에 대한 상대도수의 분포다각형을 그려 봅시다.

이것은 히스토그램이나 도수분포다각형에서 도수 대신 상대도수를 사용하여 나타낸 그래프를 말합니다. 앞의 수학 점수 조사표를 가지고 상대도수의 분포다각형을 그려 보면,

다음과 같습니다.

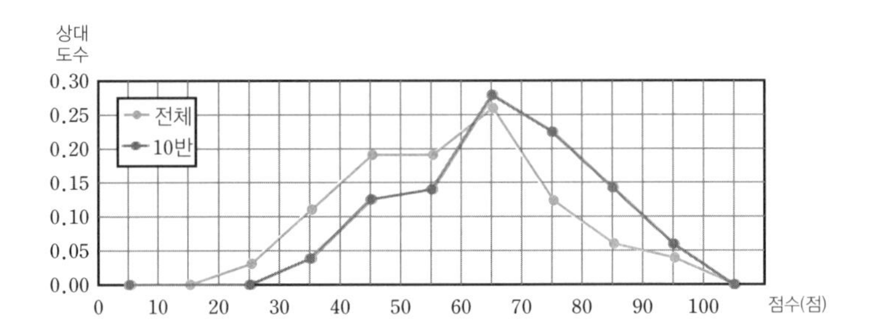

상대도수의 분포다각형을 그릴 때는 먼저 가로축에 계급의 양끝 값을 써 넣고 세로축에는 상대도수를 써 넣습니다. 각 계급의 계급값과 그 계급에 대한 상대도수를 순서쌍으로 하는 점을 찍어 선분으로 차례로 연결합니다.

2) 상대도수분포표 2

상대도수분포표를 만들 때는 도수분포표와 같은 방법으로 만들면 됩니다. 도수분포표를 만들 때는 도수가 사용되고 상대도수분포표를 만들 때는 상대도수가 사용됩니다.

다음 표는 J초등학교 300명과 Y초등학교 200명의 몸무게에 대한 상대도수분포입니다.

몸무게(kg)	도수(명)	
	J초등학교	Y초등학교
30 이상~35 미만	0.03	0.05
35 ~ 40	0.13	0.07
40 ~ 45	0.16	0.1
45 ~ 50	0.19	0.22
50 ~ 55	0.27	0.34
55 ~ 60	0.16	0.16
60 ~ 65	0.06	0.06
합계	1	1

몸무게가 50kg 이상 55kg 미만인 학생의 수를 각각 비교하여 볼까요?

J초등학교의 상대도수는 0.27이고

Y초등학교의 상대도수는 0.34입니다.

상대도수가 Y초등학교에서 높다고 해서 학생의 수가 더 많다는 의미는 아닙니다. 도수를 다시 상대도수와 도수의 총합을 이용하여 구해야 합니다.

'도수의 총합×상대도수=그 계급의 도수' 이므로

50kg 이상 55kg 미만인 학생의 수는

J초등학교는 0.27×300이므로 81명이고

Y초등학교는 0.34×200이므로 68명입니다.

상대도수는 Y초등학교가 J초등학교보다 큰 것으로 나타났지만 실제로 도수를 계산한 결과 50kg 이상 55kg 미만인 학생 수가 각각 J초등학교에서 81명, Y초등학교에서 68명으로 계산되었습니다.

상대도수를 이용하여 도수를 전부 계산하여 아래와 같이 구할 수 있었습니다.

몸무게(kg)	상대도수		도수(명)	
	J초등학교	Y초등학교	J초등학교	Y초등학교
30 이상~35 미만	0.03	0.05	9	10
35 ~ 40	0.13	0.07	39	14
40 ~ 45	0.16	0.1	48	20
45 ~ 50	0.19	0.22	57	44
50 ~ 55	0.27	0.34	81	68
55 ~ 60	0.16	0.16	48	32
60 ~ 65	0.06	0.06	18	12
합계	1	1	300	200

$$\therefore \text{상대도수} = \frac{\text{각 계급의 도수}}{\text{전체 도수}}$$

$$\Leftrightarrow \text{각 계급의 도수} = \text{상대도수} \times \text{전체 도수}$$

상대도수의 성질은 0 이상 1 이하의 값으로 나타나며 도수가 가장 큰 계급이 상대도수도 가장 큰 계급이 됩니다.

앞에서 자료의 분포 상태, 특히 도수의 크기를 쉽게 알아보기 위하여 도수분포표를 히스토그램과 도수분포다각형으로 나타내는 방법을 배웠습니다. 마찬가지로 상대도수에 대한 분포표를 이용하여 히스토그램과 도수분포다각형을 그릴 수 있습니다.

다시 한 번 이야기하면, 각 계급의 도수가 전체에서 차지하는 비율을 비교하기 위해서는 상대도수가 필요합니다. 그리고 상대도수의 합은 '1'이 된다는 사실이 가장 중요합니다.

∷ 상대도수분포표 2에 대한 상대도수의 분포다각형을 그려 봅시다.

이는 히스토그램이나 도수분포다각형에서 도수 대신 상

대도수를 사용하여 나타낸 그래프를 말합니다. 앞의 몸무게 조사표를 가지고 상대도수의 분포다각형을 그려 보면, 다음과 같습니다.

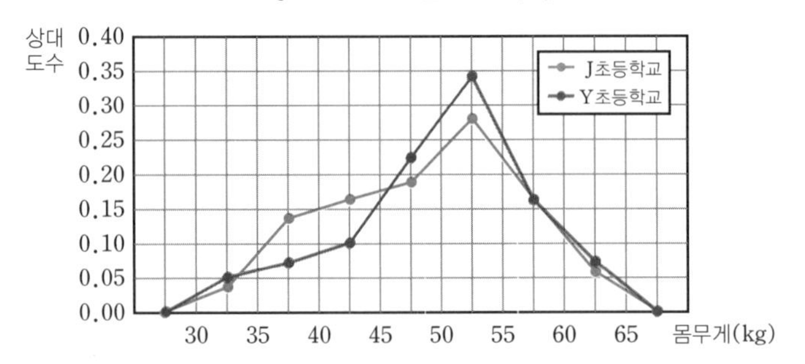

상대도수의 분포다각형을 그릴 때는 히스토그램과 같은 방법으로 그리면 됩니다. 단, 히스토그램과 도수분포다각형에서는 세로축에 도수를 나타내지만 상대도수의 분포다각형에서는 세로축에 상대도수를 나타냅니다.

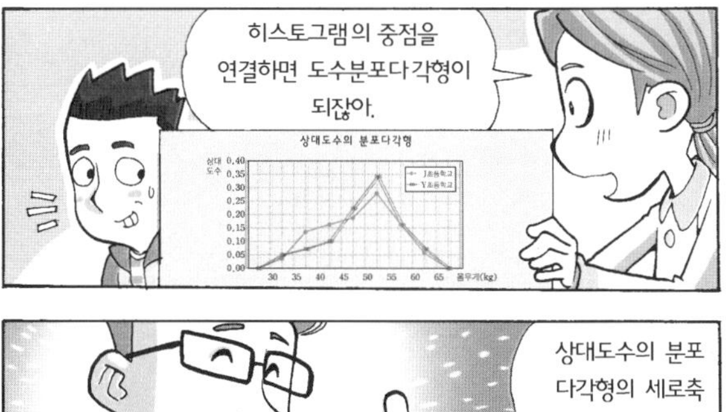

그러므로 도수분포다각형과 상대도수의 분포다각형은 모양이 같습니다.

(2) **누적도수**

보성이는 여름 방학을 맞이하여 집 앞 사거리에 있는 H 수영장의 오후 3시 강습을 등록했습니다. 그리고 같이 강습 받는 사람들의 나이를 조사하게 되었습니다. 작성된 표가 다음과 같을 때, 표를 이용하여 수영장에 다니는 사람 수에 대해 누적도수를 구하고 누적도수의 그래프를 그려 봅시다.

〈표〉 누적도수분포표

나이(세)	도수(명)	누적도수
20 이상~30 미만	3	
30 ~ 40	15	
40 ~ 50	5	
50 ~ 60	2	
합계	25	

1) 누적도수

도수분포표에서 각 계급의 도수를 변량이 작은 쪽의 값부터 차례로 더하여 얻은 도수를 말합니다. 쉽게 풀어 설명하면, 누적은 쌓아 나간다는 뜻으로 사칙연산에서 덧셈+의 의미와 같습니다. 따라서 누적도수는 도수를 쌓아 나간다는 의미가 됩니다.

'각 계급의 누적도수=그 계급까지의 도수의 합' 으로서, 마지막 계급의 누적도수는 도수의 총합과 같습니다.

누적도수를 사용한 '누적도수분포표' 를 이용하면 어떤 도수 이상, 또는 미만인 자료의 도수를 쉽게 찾을 수 있습니다. 또한 주어진 자료 중 특정한 자료의 위치를 쉽게 찾을 수 있습니다. 즉, 누적도수분포표란 도수분포표의 도수 대신 누적도수를 사용하여 작성한 표를 의미합니다.

누적도수분포표의 그래프는 가로축에 계급, 세로축에 누적도수를 기록하고 계급의 오른쪽 끝 값에 그 계급까지의 누적도수를 대응시켜 찍은 점을 차례로 선분으로 연결합니다. 누적도수의 그래프에서 경사가 가장 심한 계급의 도수가 가장 큽니다.

2) 누적도수분포표

다음의 수영장을 사용하는 사람들의 나이를 조사한 표를 보고 누적도수분포표를 알아봅시다.

나이(세)	도수(명)	누적도수
20 이상 ~ 30 미만	3	3
30 ~ 40	15	3+15=18
40 ~ 50	5	3+15+5=23
50 ~ 60	2	3+15+5+2=25
합계	25	

이 표는 누적도수의 분포표인데 40세 미만인 사람 수는 3+15를 계산한 값인 18명임을 알 수 있습니다.

30세 이상 40세 미만의 누적도수는 3+15=18명이고

40세 이상 50세 미만의 누적도수는 3+15+5=23명,

50세 이상 60세 미만에 대한 누적도수는 3+15+5+2=25명입니다.

여기서 제일 마지막 계급의 누적도수는 '도수의 총합과 같다'는 사실에 주의해야 합니다.

3) 누적도수의 그래프

이제 누적도수의 그래프에 대해서 살펴봅시다. 위에서 구한 수영장에 다니는 사람 수를 이용하여 그래프를 그려봅시다.

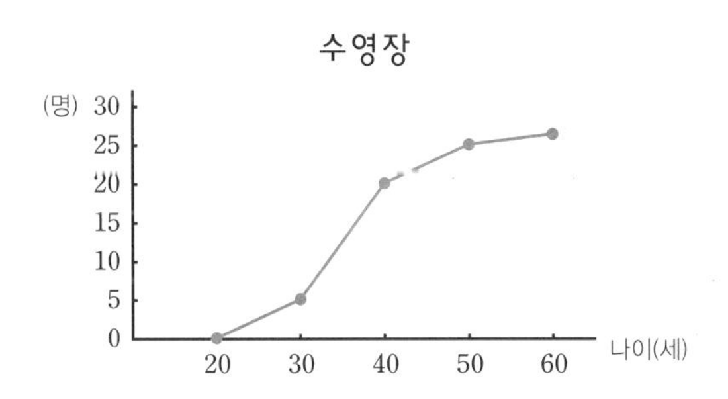

누적도수의 그래프도 히스토그램이나 도수분포다각형에서 도수 대신 누적도수를 사용하여 나타내면 됩니다.

그리는 방법은 먼저 가로축에 계급의 양끝 값을 써 넣고 세로축에 누적도수를 써 넣습니다. 그리고 각 계급의 오른쪽의 끝 값에 그 계급의 누적도수를 순서쌍으로 하는 점을 찍어 차례로 선분으로 연결하면 됩니다.

여기서 첫 번째 계급의 직사각형의 왼쪽 아래의 끝점부

터 차례로 각 계급에 나타내어진 직사각형의 윗변의 오른쪽 끝점을 이으면 앞쪽과 같은 누적도수 모양의 그래프를 얻을 수 있겠죠?

도수분포다각형이나 상대도수의 그래프는 윗변의 중점을 이어서 만들지만 누적도수의 그래프는 '윗변의 오른쪽 끝점을 이어서 만드는 것' 입니다. 이는 바로 '누적도수' 를 이용하기 때문이지요.

누적도수의 그래프 그리는 방법

i) 가로축에 계급의 양끝 값을 써 넣습니다.

ii) 세로축에 누적도수를 써 넣습니다.

iii) 각 계급의 오른쪽의 끝 값에 그 계급의 누적도수를 순서쌍으로 하는 점을 찍어, 차례대로 선분으로 연결합니다.

1. 상대도수분포표relative frequency table

자료의 개수가 서로 다른 두 개 이상의 자료의 분포 상태를 비교하기 위해서 자료를 총 도수에 대한 각 계급의 도수의 비율상대도수로 나타낸 표입니다. 자료를 관찰하고 상대도수를 구한 것을 이용하여 상대도수분포표를 작성할 수 있습니다.

2. 누적도수의 분포표를 이용하면 어떤 도수 이상 또는 미만의 자료의 도수를 쉽게 찾을 수 있으며 주어진 자료 중 특정한 자료의 위치를 쉽게 찾을 수 있습니다.

즉, 도수분포표의 도수 대신 누적도수를 사용하여 작성한 표를 의미합니다.

지금까지 배운 내용 잊지 않았죠?

이제 문제를 풀 때 그 내용을 통합적으로 적용하여

응용하는 방법을 알아봅시다.

9 교시

통합적으로 이해하기

9교시 학습 목표

1. 일상에서 일어날 수 있는 일과 자료들을 수집 · 분석 · 분류하여 적절한 그래프를 이용하여 나타낼 수 있습니다. 벤 다이어그램을 이용해 풀 수 있습니다.
2. 두 자료를 비교하여 상관관계를 찾아낼 수 있습니다.

미리 알면 좋아요

1. **상대도수** 도수분포표에서 도수의 총합에 대한 각 계급의 도수의 비율로 '상대도수$=\frac{\text{그 계급의 도수}}{\text{도수의 총합}}$'로 계산합니다. 즉 계급의 도수를 전체 도수로 나눈 값이 됩니다.

2. **누적도수** 각 계급의 누적도수는 '앞 계급까지의 도수'와 '그 계급의 도수'의 합으로서, 마지막 계급의 누적도수는 도수의 총합과 같습니다.

문제

제현이의 15번째 생일을 맞이하여 부모님께서 컴퓨터를 사 주셨습니다. 처음 컴퓨터를 하는 시간은 하루 중 30분 정도였습니다. 그러나 한 달 후에는 컴퓨터 사용시간이 2시간이 넘었습니다.

그런데, 이니 이게 웬일입니까? 기말고사 성적이 많이 떨어진 제현이는 컴퓨터 사용 시간과 학교 성적과의 관계를 알아보기 위해 주변 친구들의 하루 평균 컴퓨터 사용 시간을 조사하여 다음과 같은 표를 작성하였습니다.

① 이 표를 이용하여 옆의 모눈종이에 히스토그램을 작성해 보시오.

시간(시)	도수	상대도수	누적도수
0 이상 ~ 0.5 미만	5		
0.5 ~ 1.0	5		
1.0 ~ 1.5	30	A	C
1.5 ~ 2.0	10		D
2.0 ~ 2.5	15	B	
2.5 ~ 3.0	5		
합계	70		

㉠ 히스토그램을 작성할 때, 가로와 세로의 항목은 무엇을 써야 합니까?

㉡ 상대도수와 누적도수를 도수를 이용하여 채워 넣어 줍니다.

㉢ 다음은 상대도수 A와 B를 구하는 과정을 공식을 이용하여 구하고, 누적도수 C와 D를 구하여 빈칸을 채워 넣습니다.

㉣ 그렇다면, 상대도수의 합은 얼마가 됩니까?

㉤ 컴퓨터 하는 시간이 2시간 미만인 경우 시청하는 사람의 수는 전체의 몇 %입니까?

㉥ 컴퓨터 하는 시간의 전체 평균을 구하여 비교해 봅시다.

2 또, 성적과 사용 시간과의 관계를 알아보기 위해 1.0~1.5시간 동안 컴퓨터를 하는 친구들을 대상으로 중간고사 성적을 조사하였더니 다음의 표와 같았습니다.

중간고사 성적(점)	학생 수(명)
60 이상 ~ 65 미만	0
65 ~ 70	0
70 ~ 75	3

75 ~ 80	4
80 ~ 85	20
85 ~ 90	2
90 ~ 95	1
합계	30

이후에는 컴퓨터 사용 시간을 2.0~2.5시간으로 늘린 다음 기말고사 성적을 조사하였더니 다음과 같았습니다.

기말고사 성적(점)	학생 수(명)
60 이상 ~ 65 미만	1
65 ~ 70	2
70 ~ 75	8
75 ~ 80	14
80 ~ 85	4
85 ~ 90	1
90 ~ 95	0
합계	30

이것을 한눈에 알아보기 쉽게 그래프를 이용하여 관계를 비교해 봅시다. 어떤 그래프를 그려서 비교해야 할까요? 컴퓨터 하는 시간을 2.0~2.5시간으로 늘린 다음 전체 평균이 얼마나 차이가 있는지 구하고 학교 성적과 컴퓨터 하는 시간과의 관계를 생각해 봅시다.

요즘 학생들의 컴퓨터 이용하는 시간이 너무 긴 것 같습니다.

학생들이 컴퓨터를 사용할 때, 주로 무엇을 하는지 알아보았더니, 게임하기, 자료 검색, 메일 확인, 친구와 대화하기, 음악 듣기, 기타로 다양했습니다. 그중에서도 게임하기가 가장 높은 비율을 차지했습니다. 컴퓨터 게임을 하는 시간이 학습에 어떠한 영향을 끼치는지 이 문제를 통해서 간접적으로 확인해 보겠습니다.

먼저, 문제 1의 경우

이 표를 이용하여 히스토그램을 작성하면 다음과 같습니다.

시간(시)	도수	상대도수	누적도수
0 이상 ~ 0.5 미만	5		
0.5 ~ 1.0	5		
1.0 ~ 1.5	30	A	C
1.5 ~ 2.0	11		D
2.0 ~ 2.5	15	B	
2.5 ~ 3.0	5		
합계	70		

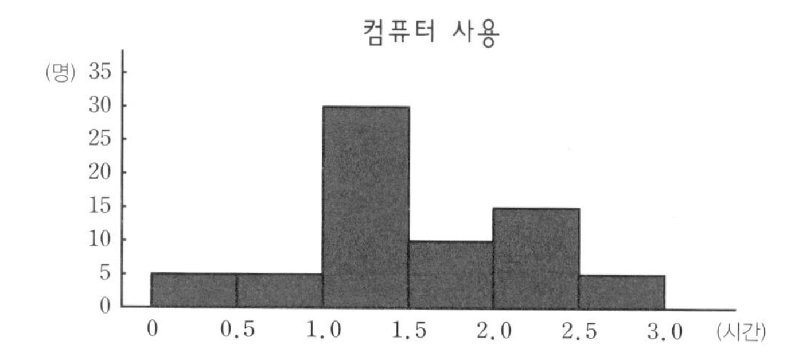

㉠ 히스토그램을 작성할 때, 가로와 세로의 항목은 무엇을 써야 합니까?

히스토그램은 막대그래프와 다르게 가로축과 세로축에 항목을 꼭 써 주어야 합니다. 가로축에는 계급인 '시간'을 적고, 세로축에는 도수인 '명'을 적어 줍니다.

㉡ 상대도수와 누적도수를 도수를 이용하여 채워 넣어줍니다.

상대도수는 도수분포표에서 도수의 총합에 대한 각 계급의 도수의 비율입니다.

'상대도수$=\frac{\text{그 계급의 도수}}{\text{도수의 총합}}$' 이며, 상대도수는 계급의 도수를 전체 도수로 나눈 값이 됩니다.

누적도수는 '앞 계급의 누적도수와 그 계급의 도수의 합'으로, 마지막 계급의 누적도수는 도수의 총합과 같습니다.

시간(시)	도수	상대도수	누적도수
0 이상 ~ 0.5 미만	5	0.07	5
0.5 ~ 1.0	5	0.07	5+5=10
1.0 ~ 1.5	30	A	5+5+30=C
1.5 ~ 2.0	10	0.14	5+5+30+10=D
2.0 ~ 2.5	15	B	5+5+30+10+15=65
2.5 ~ 3.0	5	0.07	5+5+30+10+15+5=70
합계	70		

ⓒ 다음은 상대도수 A와 B를 공식을 이용하여 구하고, 누적도수 C와 D를 구하여 빈칸을 채워 넣습니다.

상대도수,

i) A의 경우

$$\frac{\text{그 계급의 도수}}{\text{도수의 총합}}=\frac{30}{70}$$

ii) B의 경우

$$\frac{\text{그 계급의 도수}}{\text{도수의 총합}}=\frac{15}{70}$$

누적도수,

i) C의 경우

그 계급까지의 도수를 포함한 합=5+5+30=C=40

ii) D의 경우

그 계급까지의 도수를 포함한 합=5+5+30+10

=D=50

※ 위의 값을 모두 정리하면 다음과 같습니다.

시간(시)	도수	상대도수	누적도수
0 이상 ~ 0.5 미만	5	$\frac{5}{70}$	5
0.5 ~ 1.0	5	$\frac{5}{70}$	10
1.0 ~ 1.5	30	$\frac{30}{70}$	**40**
1.5 ~ 2.0	10	$\frac{10}{70}$	**50**
2.0 ~ 2.5	15	$\frac{15}{70}$	65
2.5 ~ 3.0	5	$\frac{5}{70}$	70
합계	70		

㉣ 그렇다면, 상대도수의 합은 얼마가 됩니까?

$$\frac{5}{70}+\frac{5}{70}+\frac{30}{70}+\frac{10}{70}+\frac{15}{70}+\frac{5}{70}=1$$

모든 도수분포표에서 각 계급의 상대도수의 합은 ‘$\frac{\text{그 계급의 도수}}{\text{도수의 총합}}$’를 모두 더해야 하므로 결국 ‘$\frac{\text{도수의 총합}}{\text{도수의 총합}}$’이 되어 항상 ‘1’이 됩니다.

∴ 상대도수의 합=1

㉤ 컴퓨터 하는 시간이 2시간 미만인 경우 시청하는 사람의 수는 전체의 몇 % 입니까?

컴퓨터 하는 시간이 2시간 미만인 경우 누적도수를 확인하면, 50명입니다. 이는 $\frac{50}{70}\times 100=71.4\%$에 해당됩니다.

∴ 71.4%

㉥ 컴퓨터 하는 시간의 평균을 구하면 (평균)=$\frac{\{(\text{계급값})\times(\text{도수})\}\text{의 총합}}{\text{도수의 총합}}$이 됩니다. 여기서 묻는 문제의 평균은 ‘계급값’을 생각해 주어야 합니다.

평균은 (계급값)×(도수)를 이용하여 계산합니다.

ⓐ 0～0.5인 경우, $0.25\times5=1.25$

ⓑ 0.5～1.0인 경우, $0.75\times5=3.75$

ⓒ 1.0～1.5인 경우, $1.25\times30=37.5$

ⓓ 1.5～2.0인 경우, $1.75\times10=17.5$

ⓔ 2.0～2.5인 경우, $2.25\times15=33.75$

ⓕ 2.5～3.0인 경우, $2.75\times5=13.75$

평균

$$=\frac{0.25\times5+0.75\times5+1.25\times30+1.75\times10+2.25\times15+2.75\times5}{70}$$

$$=\frac{107.5}{70}\fallingdotseq1.54$$

∴ 약 1.54시간이 평균이 됩니다.

문제 2를 풀어 봅시다.

컴퓨터 사용 시간과 성적과의 관계를 알아보기 위해

1.0～1.5시간 동안 컴퓨터를 하는 친구들을 대상으로 중간고사 성적을 조사하였더니 다음의 표와 같았습니다. 이후, 컴퓨터 하는 시간을 2.0～2.5시간으로 늘린 다음 기말고사 성적을 조사하였더니 다음과 같았습니다성적을 조사한 친구들은 중간고사 성적을 측정한 친구들과 같은 친구들을 조사하였습니다.

중간고사 성적(점)	명
60 이상 ～65 미만	0
65～70	0
70～75	3
75～80	4
80～85	20
85～90	2
90～95	1
합계	30

기말고사 성적(점)	명
60 이상 ～65 미만	1
65～70	2
70～75	8
75～80	14
80～85	4
85～90	1
90～95	0
합계	30

이것을 한눈에 알아보기 쉽게 그래프를 이용하여 관계를 비교해 봅시다. 어떤 그래프를 그려서 비교해야 할까요?

위의 두 도수분포표를 하나로 정리합니다. 두 집단의 분포를 비교할 때에는 한 그래프 안에서 비교할 수 있는 '도수분포다각형' 을 작성합니다.

성적(점)	중간고사	기말고사
60 이상 ~65 미만	0	1
65~70	0	2
70~75	3	8
75~80	4	14
80~85	20	4
85~90	2	1
90~95	1	0
합계	30	30

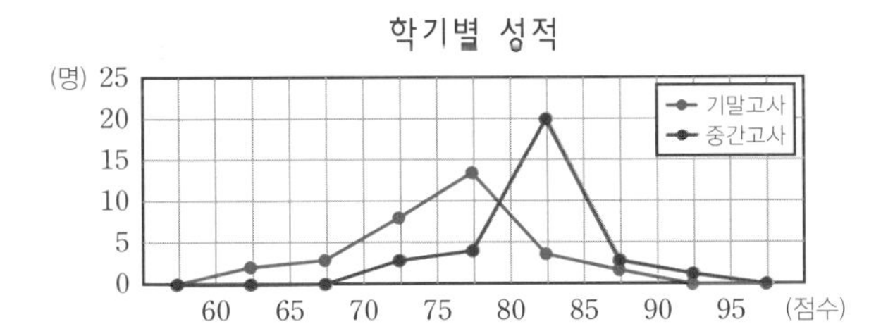

다음 장으로 ☞

도수분포다각형을 통하여 쉽게 구별이 갑니다만 더 자세한 이해를 위해 컴퓨터 하는 시간을 2.0～2.5시간으로 늘린 다음 전체 평균이 얼마나 차이가 있는지 알아보겠습니다.

i) 중간고사

ⓐ 60～65인 경우, $62.5 \times 0 = 0$

ⓑ 65～70인 경우, $67.5 \times 0 = 0$

ⓒ 70～75인 경우, $72.5 \times 3 = 217.5$

ⓓ 75～80인 경우, $77.5 \times 4 = 310$

ⓔ 80～85인 경우, $82.5 \times 20 = 1650$

ⓕ 85～90인 경우, $87.5\times2=175$

ⓖ 90～95인 경우, $92.5\times1=92.5$

평균

$$=\frac{62.5\times0+67.5\times0+72.5\times3+77.5\times4+82.5\times20+87.5\times2+92.5\times1}{30}$$

$$=\frac{2445}{30}$$

$$=81.5$$

$\therefore$ 81.5점

ii) 기말고사

ⓐ 60～65인 경우, $62.5\times1=62.5$

ⓑ 65～70인 경우, $67.5\times2=135$

ⓒ 70～75인 경우, $72.5\times8=580$

ⓓ 75～80인 경우, $77.5\times14=1085$

ⓔ 80～85인 경우, $82.5\times4=330$

ⓕ 85～90인 경우, $87.5\times1=87.5$

ⓖ 90～95인 경우, $92.5\times0=0$

평균

$$=\frac{62.5\times1+67.5\times2+72.5\times8+77.5\times14+82.5\times4+87.5\times1+92.5\times0}{30}$$

$$=\frac{2280}{30}$$

$=76$

$\therefore$ 76점

컴퓨터 시간을 늘렸을 때와 평균을 비교하였더니 81.5에서 76점까지 떨어진 것을 알 수 있었습니다.

위의 자료에 따르면, 컴퓨터 사용 시간이 길어질수록 성적이 떨어진다는 관계를 추측할 수 있습니다. 그러나 컴퓨터 사용 시간 이외에도 중간고사와 기말고사의 난이도 정도의 차이가 있을 수 있고 그밖에 미치는 요소를 고려해야 정확한 분석을 할 수 있을 것입니다.

학생 여러분들도 자신의 경험에 비추어 학교 성적과 컴퓨터 하는 시간과의 관계를 곰곰이 생각해 보기 바랍니다.

각 그래프들의 특징과 적절히 사용될 수 있는 자료의 종류를 알아두어야 합니다.